JN240058

イラストで学ぶ生態系（せいたいけい）のしくみ

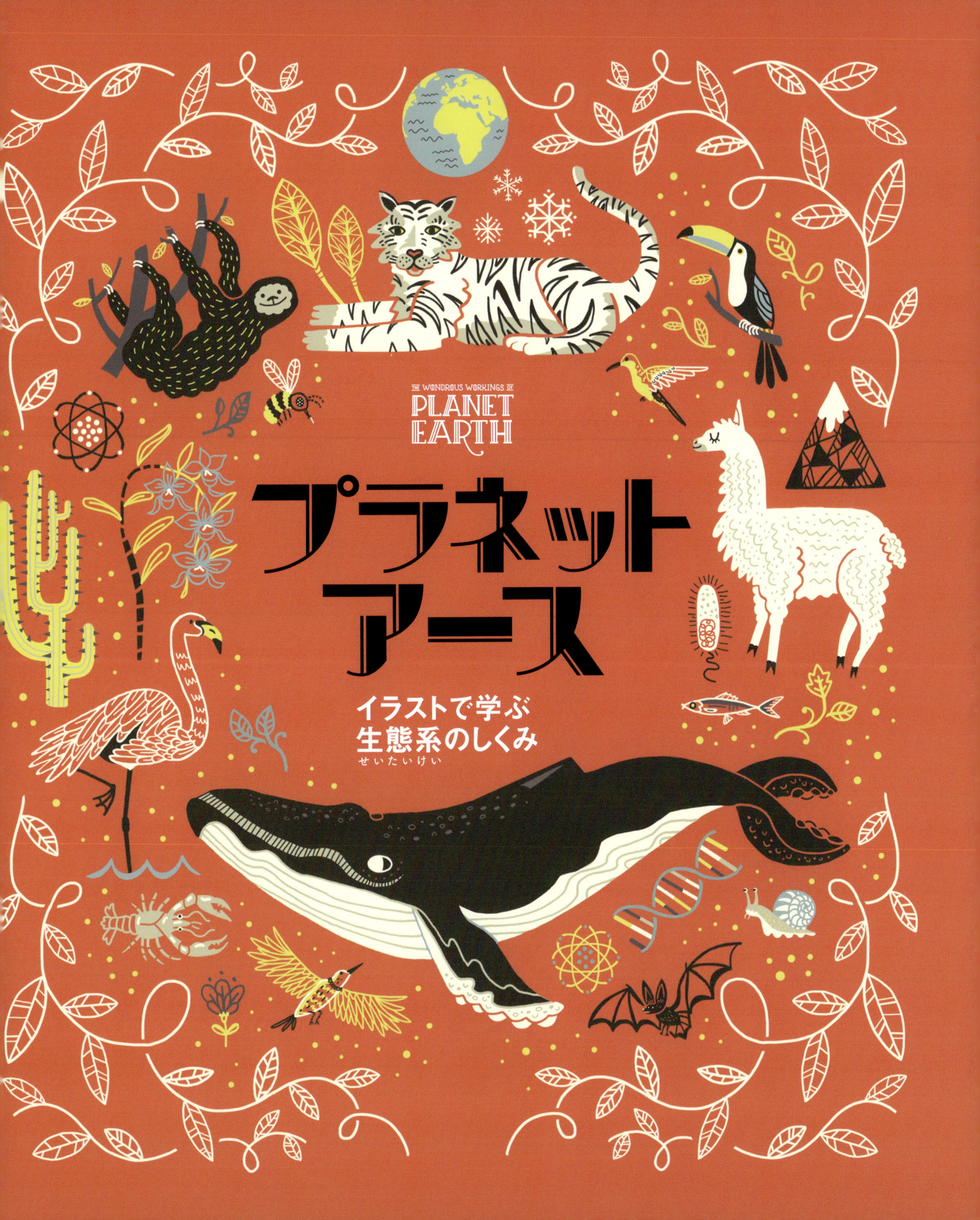
THE WONDROUS WORKINGS OF
PLANET
EARTH
プラネット
アース
イラストで学ぶ
生態系のしくみ
せいたいけい

目次

本文中の[　]や*付きの説明は訳者注です。

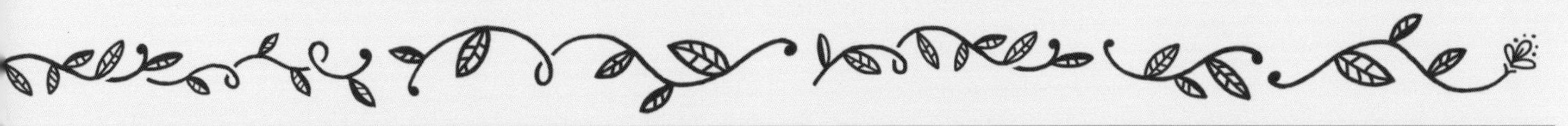

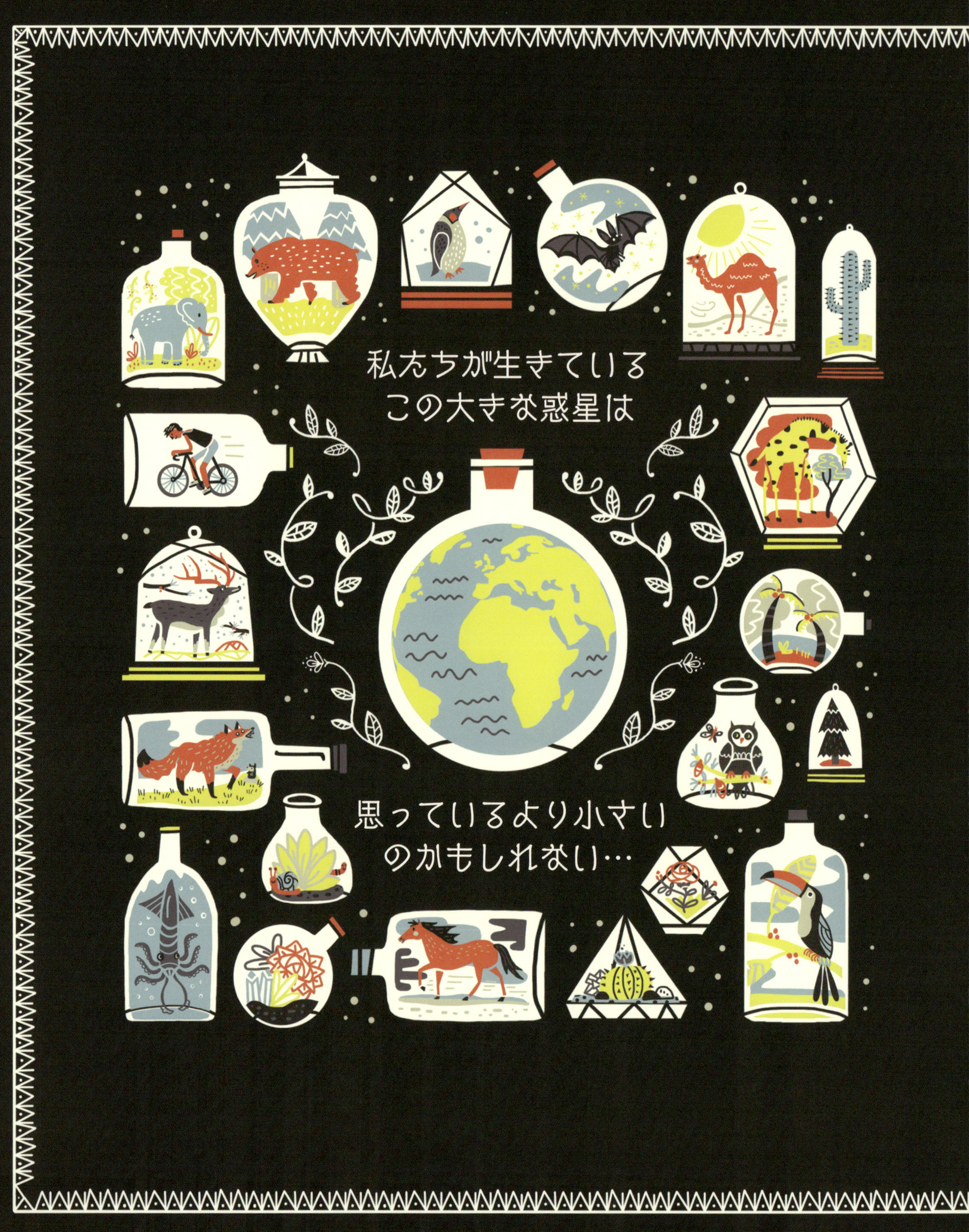
私たちが生きている
この大きな惑星は
思っているより小さい
のかもしれない…

はじめに

あなたがこのページを読んでいる今、アマゾンの熱帯雨林ではジャガーが狩りの真っ最中、サンゴ礁には生き物があふれ、自転車便の配達人はベーグル片手にニューヨーク市内を走っているでしょう。それぞれは無関係なできごとのようですが、実は全ての生き物には、あなたが思っているよりもずっと共通点が多いのです。

まず第一に、私たちはみんな地球という星の上に生きています。植物も動物もいっしょに空気の薄い層に守られて宇宙空間を回っています。次に、地球上の全てのものは（ペットの犬も、車も、夕食のスパゲティも、そしてもちろんあなたも）原子でできています。そして最後に、どんなに小さくても大きくても、太陽の光を利用して糖を作る植物も、サンドイッチを食べている人も、生きているものは全て、食べ物から体を作り、エネルギーを得ています。生き物はみんな、生きのびるために、地球上の限られた資源やおたがい同士とかかわり合っているのです。どんなふうにかかわり合っているかを知るためには、地球の生態系（エコシステム）を理解しなければなりません。

地球上の生命がどのように活動しているか、というのは確かに複雑な問題です。地球はとても大きいですから。大きな森の複雑な活動を、鉢植えの花の世話の仕方を教わるように簡単に理解できたらどうでしょう。地球全体が、びんの中の標本や机の上の地球儀のように簡単にわかったらどうでしょう。サハラ砂漠から大西洋をこえて、アマゾンの熱帯雨林を肥沃な土地にする栄養豊かな砂を運んでくる風を見ることができたら……。そのアマゾンの木々は大量の酸素を空気中に出しています。その酸素分子が空気と混ざったものを、世界中の人間や動物が呼吸しています。物語は限りなく続きます。この本では、地球上の最大の、あるいは最小の生態系がどのように働き、自然界がいっしょになってどのように地球上のいのちを支え合っているのかを詳しく見てみましょう。

地球を見つめれば、人間のこともわかってくるでしょう。これまでの歴史の中で、人間はよくも悪くも活動の舞台を変化させてきました。住んでいる土地の手入れをする人々がいます。例えばスコットランドの荒れ地では羊飼いたちが、沼地が干上がらないように水路を掘っています。野生動物のことも考えに入れて道路を作っていることにあなたも気づくかもしれません。例えばケニアでは、毎年決まって草原の移動を続けるゾウたちのために、ハイウェイの下に地下通路を作っています。科学者、政府、そして社会がいっしょになって自然を守るための保護区域を作ろうとしていることがあなたにもわかるでしょう。けれども、人間が自然界を傷つけるような使い方をしていることも目にとまるかもしれません。

私たちの最大の課題は、資源の責任ある使い方を学ぶことです。地球に住む人間がどんどん増えれば、地球はますます狭くなります。農地も都市も拡大しなければなりません。しかし私たちは拡大を続けながらも、地球のかけがえのない生態系が与えてくれる自然の恩恵をむだにするわけにはいきません。土地の無責任な使用や、資源の急速な使い過ぎは、汚染や気候変動、大切な生態系の破壊につながり、それによって人も、地球上の他の生き物も生きづらくなってしまいます。

地球を守る第一歩は地球についてもっと学ぶことです。自然を本当に理解すれば、破壊することなく利用できます。農業、発電、革新的な建設材料の開発などに新しい方法が見つかります。人間が自分自身を守ることができなければ、地球を守ることなど期待できません。貧しい社会では、密猟やむやみな伐採のような有害な、あるいは違法な方法に頼りがちです。貧困に注意を向け、よりよい農業や建設の方法を考え出せば、地球を守る方法をみんなが手にすることができるのです。

地球はひとつしかありませんから大切にしなければなりません。地球を守る力は私たち一人ひとりにあります。世界の未来はあなた方の手の中にある、と言ってもいいでしょう。

生態学の構成レベル

生物圏

地球上で生物が存在する領域。

バイオーム（生物群系）

気温や降水量などの気候と、その気候に順応して生息している特定の動植物によって特徴づけられる地域。

生態系

ある場所での全ての生物と、生物以外の環境とのかかわり合い全体。

バイオーム地図

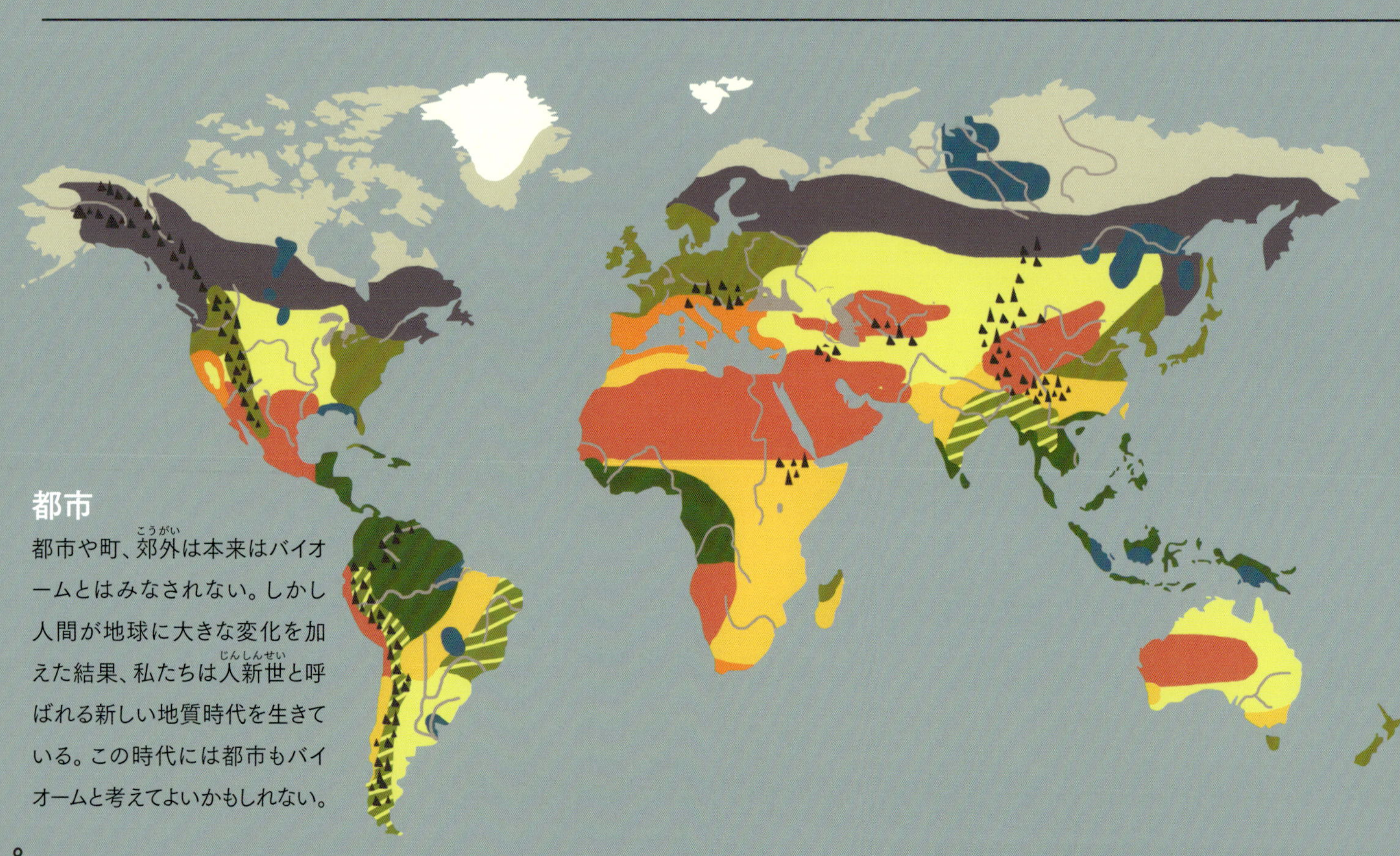

都市

都市や町、郊外は本来はバイオームとはみなされない。しかし人間が地球に大きな変化を加えた結果、私たちは人新世と呼ばれる新しい地質時代を生きている。この時代には都市もバイオームと考えてよいかもしれない。

私たちをとりまく世界は大きくて複雑です。地球全体をまとまりとして研究することもできますが、ある生物の一個体の生活だけを調べることもできます。「生態学の構成レベル」には、一個体のレベルから地球全体のレベルまであります。最大のレベルは生物圏（バイオスフィア）で、地球上のあらゆる生物を含みます。そこからレベルを下げていくと、より小さく、より詳細な部分になります。最小のレベルは、1匹のリスのような個々の生き物です。生態学のレベルはロシアのマトリョーシカ人形のように、あるレベルは次に大きなレベルの中にすっぽり入っています。

一つの生態系の中で生活する全ての生物（植物、菌類、動物、細菌）。空気、泥、水などの生物以外は含まない。

一つの生物群集の中で生活する同じ種の個体で作るグループ。

生物の一個体。

バイオームは地球上の場所をその特徴に応じて分類する方法です。それぞれのバイオームは気温、降水量と、その気候の中で進化してきた生物によって決められ、大きく陸域と水圏に分けられます。生態学ではこの2つをさらに細かく分類します。バイオーム地図にはさまざまな分け方があり、地球の反対側にも似た場所があることがわかります。

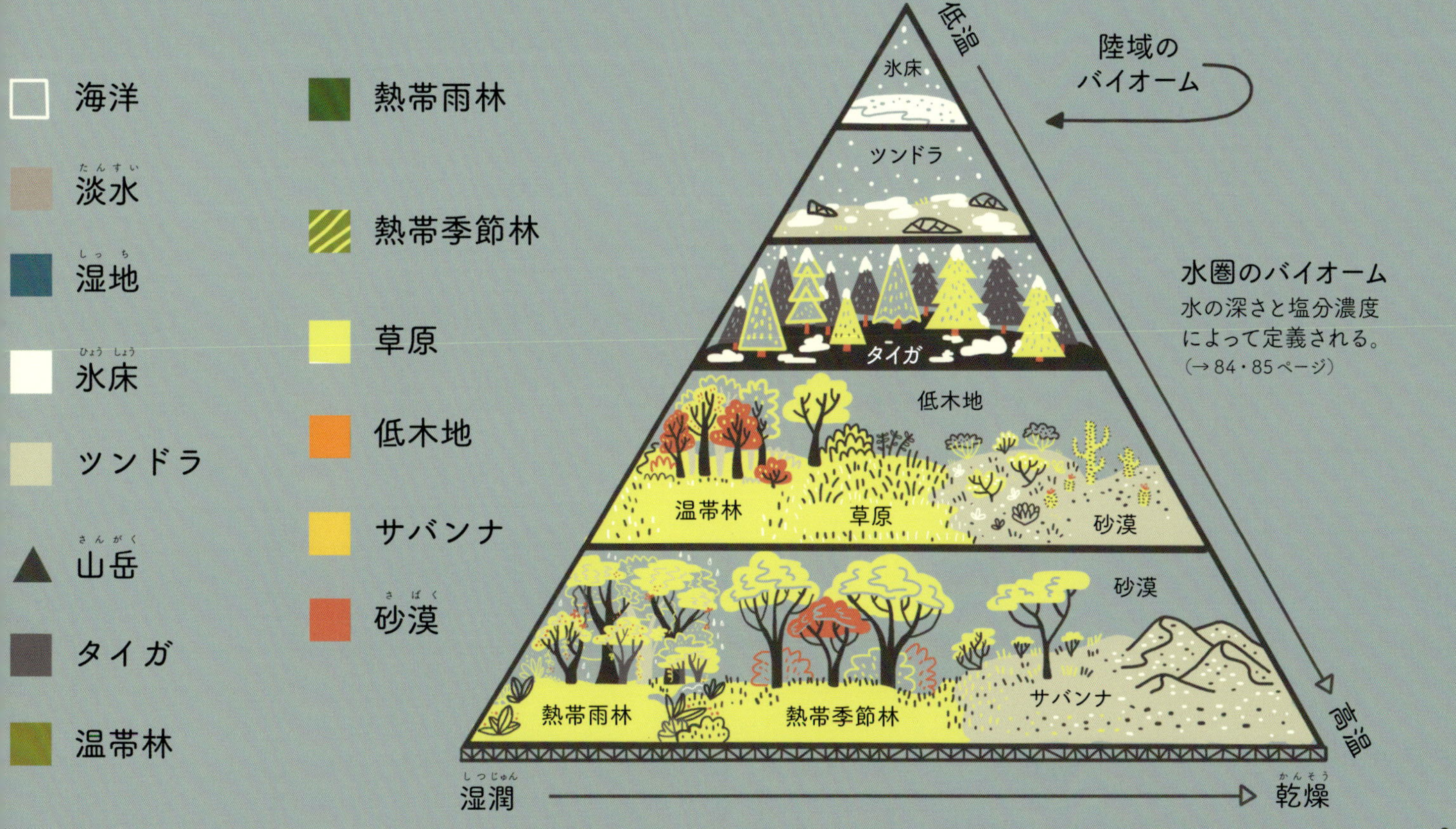

（→84・85ページ）

栄養段階

食物網の中で、それぞれの生物がどの階層にいるか、またその生物がエネルギーの根源である太陽からどれだけ離れているかを示す。生産者から出発し、頂点の捕食者にいたる。

誰が何を食べるか

生産者は太陽エネルギーを利用して食べ物を作る。草食動物は植物だけを食べ、肉食動物は他の動物だけを食べる。雑食性の動物は植物も動物も食べる。分解者は食べ残しや排泄物、死んだ生物を食べ物とする。

食物網

何が何を食べてエネルギーを得ているかを示すもの。図中の植物や動物は、矢印の先にいる動物のおいしい餌となり、エネルギーはその方向に流れる。別の生物を食べる生物を捕食者という。

太陽が全ての生き物のエネルギーの出発点

太陽光の届かない深海では、海底の熱水からエネルギーを受け取る微生物もいる。

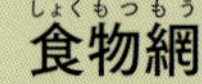

生態系とは何か

「一匹オオカミ」もひとりぼっちではありません。地球上の生き物はみんな、生きるためにたがいにかかわり合っています。生態系を研究することによって、私たちがいかに自然界に依存しているかがわかってきました。大きな森から小さな水たまりまで、いろいろな大きさの生態系があり、ある場所で生き物がどのようにたがいにかかわり合っているか、誰が何を食べるのか、どんな生物がどんな資源をめぐって争っているのか、また生物がその環境の土壌や気温、空気や水といった生物以外のものとどんな関係があるのかもわかってきたのです。

野生生物とその環境とのかかわり合いを通して、私たちは自然の大きな恩恵を受けています。生態系は、その大小によらず、呼吸できる空気、水、自然災害からの保護、肥沃な土壌、そしてもちろん食べ物を約束しています。生態系を理解すると、太陽からのエネルギーが食物網を通じてどのように流れるか、生、死、分解という循環がどのように栄養分を再利用しているかがわかります。生態系が健全でなければ、自然界が地球上で生命を維持するという困難な仕事を絶え間なく続けていくことはできません。

矢印はエネルギーの流れる方向

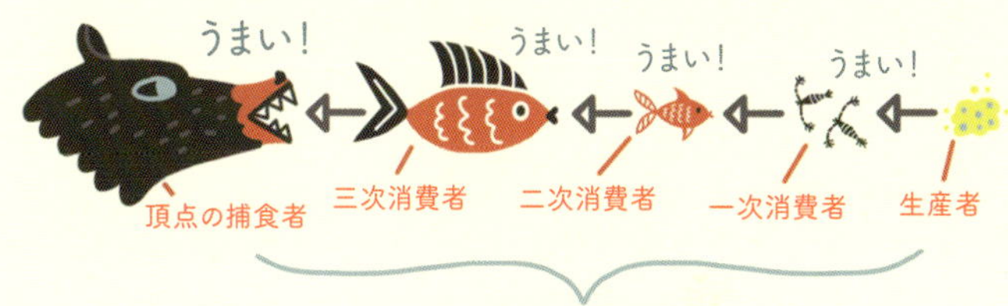

エネルギーの流れ

私たちの体をはじめ、あらゆるものを作っている物質は、なくなってしまったり何もないところに作りだされたりすることはありません。物質は循環し、形を変え、常に再利用されています。でもエネルギーは違います。新しい太陽エネルギーが絶えず地球の生態系に注ぎこまれ、利用され、熱となって永久に失われてしまいます。生物は、成長に必要な栄養を得るためだけに食べるのではありません。食べ物は生きるためのエネルギーにもなります。生きるためのエネルギーのほとんどは太陽から来ています。藻類を含む植物（生産者）は、太陽のエネルギーを使って、二酸化炭素と水から糖を作ります。この働きを光合成といいます。太陽のエネルギーを糖の形で貯えるのです。

生きている細胞はエネルギーを使って呼吸などの複雑な活動をし、エネルギーは熱となって失われます。そのために植物は自分で作り出したエネルギーの約90％を使ってしまいます。生きるということは大変なのです！　太陽から得たエネルギーの10％ほどが糖として貯えられて残ります。植物が食べられると、貯えられていた糖は食物網をめぐる旅に出るのです。

食物網の出発点では生産者は最大量のエネルギーを貯蔵しています。生産者から、一次消費者、二次消費者……と食物網をたどるにつれてこのエネルギーの大半は使われてしまって、一部だけが食物となって先へ送られます。つまり食物網の頂点にいる捕食者は、同じだけのエネルギーを得るために、一次消費者よりはるかに多く食べなければならないのです。

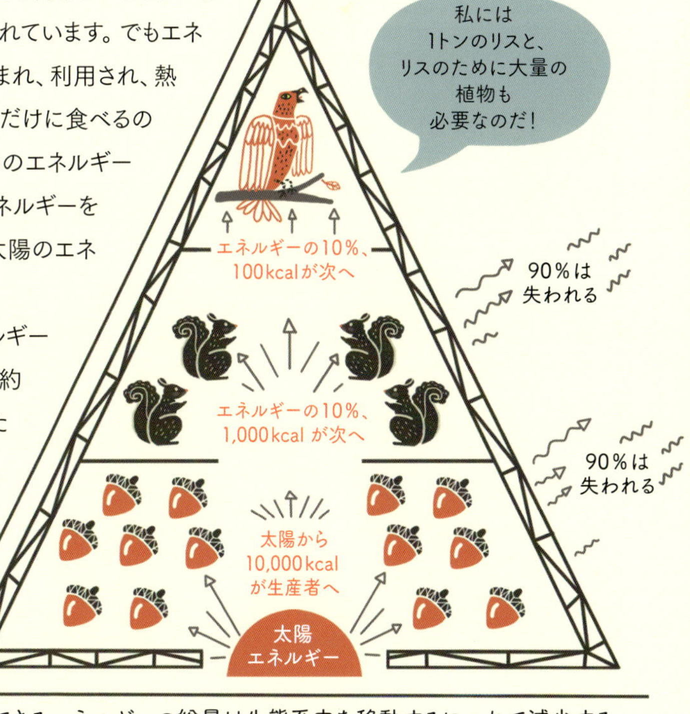

利用できるエネルギーの総量は生態系内を移動するにつれて減少する

生物の分類

種類の違うものを分類し、区別するために、分類学が使われます。科学者は、地上にこれまでに存在した全ての生物を分類しています。分類学によれば、たとえ何千年も前に絶滅してしまったものであろうと、地球の反対側に住むものであろうと、地球上の生き物がどのように進化したか、違った種の共通点は何か、などがわかるのです。

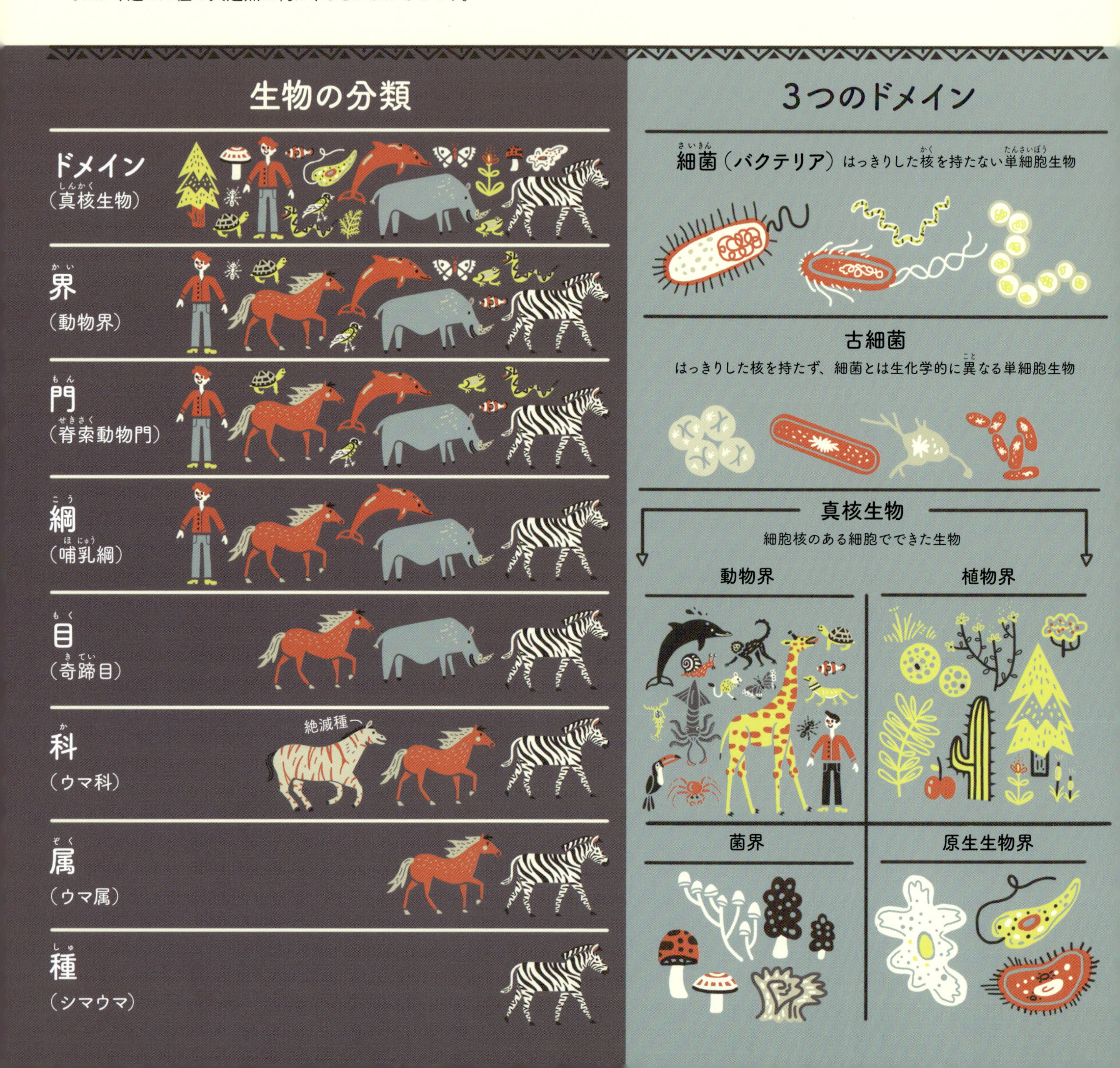

生物どうしのかかわり合い

テレビ番組で、シマウマを追いかけるライオンを見たことがあるかもしれませんね。それは動物が他の動物とかかわり合うことの一例です。食べ物や資源を競って手に入れること、住みかを見つけること、そして子孫を残すことはあらゆる種にとって最優先の課題です。そのために、動物、細菌、そして植物は生き残りをかけて、さまざまにかかわり合い、進化してきました。そのようなかかわり合いによってバランスのとれた健全な生態系が保たれています。

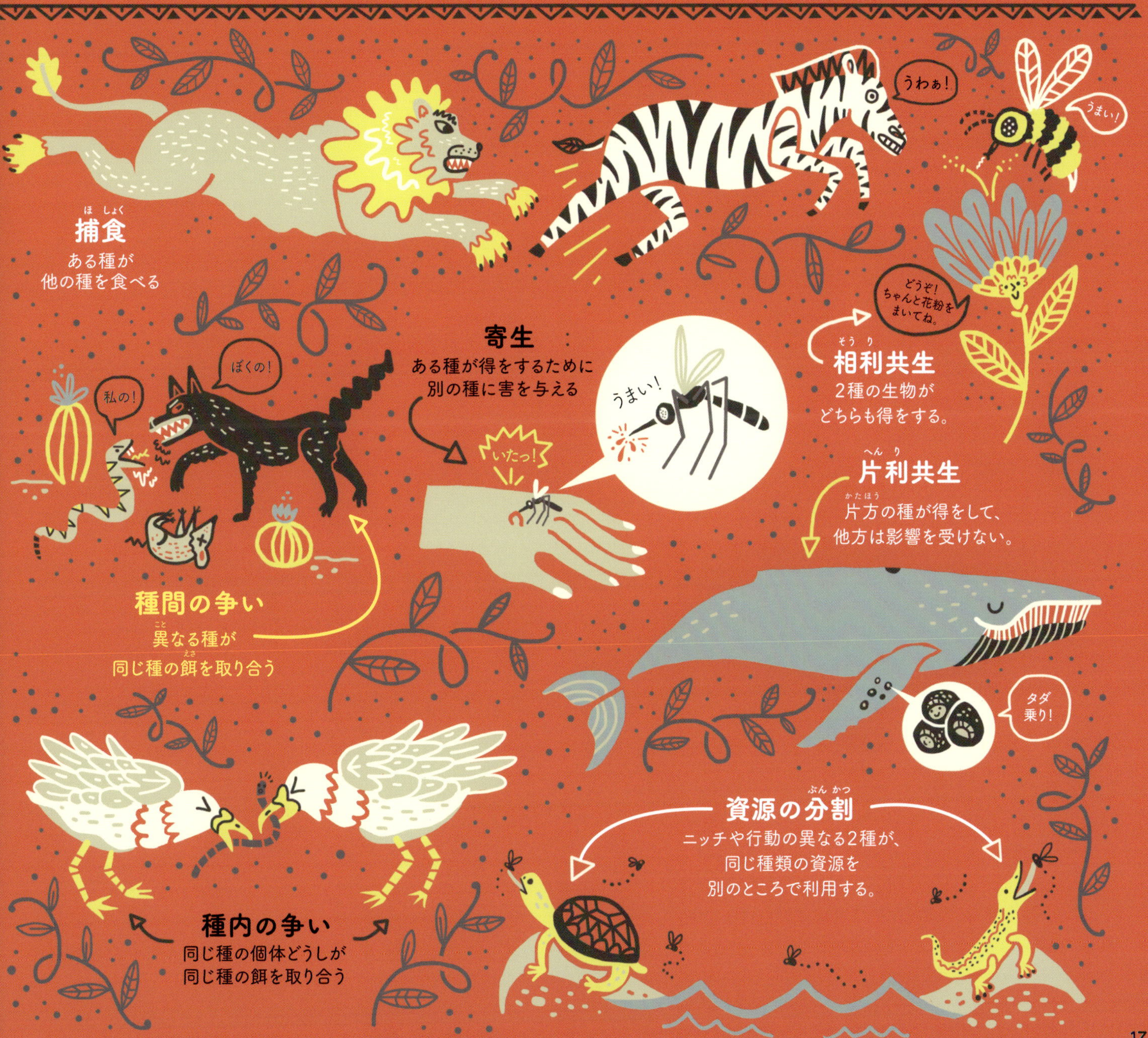

健全な生態系

洪水！　竜巻！　火事！　病気！　どんな生態系の中でも、動物も植物も多くの難問に直面します。健全で完璧な生態系は融通がきき、恐ろしい自然災害や異変、困難からも立ち直ることができます。

生物多様性

多くの異なる種が住んでいる生態系は生物多様性があるといいます。生物多様性は、生態系が健全であるために最も重要なことです。生物多様性に富んだ生態系では、野生生物のための食べ物や隠れ家が十分にあります。生物が多様ならば食物網が複雑になり、物質が循環し、分解し、新しい植物の成長のための表土を作る道筋が多くなります。

環境の変化に対する反応は生物によって違います。たとえば、1種類しか植物の生えていない森では、その食物網全体にとっての食べ物も住みかもそれしかありません。異常な日照りが続いてこの植物が枯れてしまうと、その植物を食べる動物は、食べ物をなくして死んでしまいます。するとその動物を餌とする動物も死に絶えるでしょう。しかし、その森の生物に多様性があれば、突然の異変の影響はそれほど極端ではありません。植物の種類が違えば、干ばつへの反応も異なります。乾燥を生きのびられる植物もあります。動物の種類が多ければ、餌の種類も多く、森の生態系が滅びることはないのです。

自然界では、異変や混乱、災害などは避けられません。中には、生態系に大きな影響を与え、微生物、植物、動物を弱らせたり、死にいたらせたりする混乱もあります。しかし、健全な生物多様性のある生態系では生き残る生物も多く、生態系全体としては回復が可能です。生物の多様性が少ないほど、その生態系は弱いのです。

ニッチ（生態的地位）

一つの生態系の中でのある生物の生息環境をニッチといいます。つまり、その生物がどこに住んで、どのように食べたり、子孫を残したり、他とかかわり合ったりするか、などです。もし異なる2つの種のニッチが同じならば、直接の競争相手となります。どんな競争であっても、どちらかの種が優位にたち、負けた種は変化や順応ができなければ死に絶えてしまいます。

ぼくはこの木に住んで、ネズミを食べるよ

ここはぼくのニッチの一部さ

キーストーン種（中枢種）

ある生態系には、そこに住むほとんど全部の生物が、直接的あるいは間接的にある特定の動物、または植物に頼っていることがあります。そのような影響力のある種をキーストーン種と呼びます。キーストーン種の数が減ったり、危険にさらされたりすると、その生態系全体が滅びることもありえます。この重要なキーストーン種を見分けて、保護することが大切です。

種のつり合い

森にウサギよりもたくさんのオオカミがいたらどうなるでしょう。ウサギの次の世代が生まれる前に、オオカミはウサギを食べつくしてしまいます。捕食者になる種と、餌になる種とのつり合いがとれていればこんなことにはなりません。もし餌よりも餌を食べる動物の方が圧倒的に多ければ、餌は絶滅するまで食べつくされるでしょう。種の個体数を調べれば、生態系がつり合っていて健全であるかどうかを確認することができます。

食べ物として同じ階層に属する動物にも、おたがいの間で種のつり合いが必要です。もし、ある生態系にウサギが多過ぎると、別の一次消費者（草食動物）が生きのびるための草が足りないかもしれません。栄養段階のある階層に1種類のウサギだけしかいないところで野兎病のような致命的な病気がはやると、それより上の階層の捕食者たちは他に食べ物がなく、全滅することになります。種の個体数を把握すると、人間は生態系に都合のよいように狩りをすることができます。種のつり合いを保つことは生物多様性を維持するためにとても大切です。

もしある生態系に、多数の捕食者、資源の不足、悪天候、あるいは病気などの悪条件がたくさん重なると、全滅してしまう種があるかもしれません。悪条件がなく、ある種にとって生活しやすい環境になると、その種の個体数が急増してコントロールできなくなります。すると、その地域の生物多様性が破壊され、資源が使い果たされるまで、その1種が他の全ての生物を圧倒することになるのです。

周辺部

生態系の周辺部は、その中心部分と同じように重要です。2つのはっきりと異なった地域、あるいは生態系が混じり合う領域は「エコトーン（移行帯）」と呼ばれます。

森から草原に移り変わるところ、あるいは川岸によって水と陸が分離されているところを見ることがあるでしょう。これらのエコトーンは2つの異なる地域の混ざり合いであると同時に、異種の動物どうしを寄せつけなかったり、引きつけたりする境界にもなっています。エコトーンは、生態系の主要部分が侵食されるのを防ぎ、侵略的な種から守り、ある種の動物たちには独自の資源を提供しています。エコトーンは完璧な隠れ家や繁殖場所、あるいは幼い動物が十分に成長して中心部の生息地へ移るまでの安全地帯になっています。

エコトーン、あるいはそのごく近くのみで生活するように進化した動物や植物もあり、それらは「周辺種」と呼ばれています。それ以外の、生態系の中心部でしか生活できない種は、周辺部が境界になっていることで安心していられます。生態系の中心部はいつもエコトーン、あるいは周辺領域に囲まれています。人間が生態系の重要なエコトーンに配慮しないで、道路や建物を建設すると、その生態系は小さくなったり、生態系の中心部が予想以上にダメージを受けたりします。

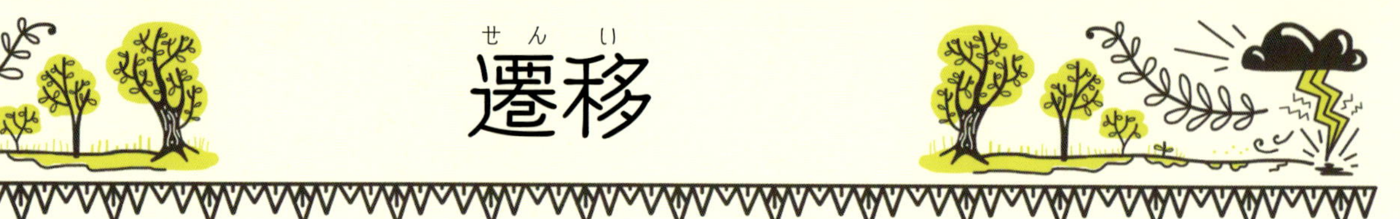

遷移

変化というのはよいことでもあります。地球上に生命が始まったときから、多くの変化がありました。地球上にはさまざまな時代ごとに、その時代を支配する種が存在しました。恐竜の大量絶滅から大都市の建設まで、生物は極端で急激な変化にさえも順応する方法を見つけてきました。不毛の荒れ地に植物が住みついて土を作るようになる最初の変化を一次遷移、生態系が環境内の小さい、あるいは中程度の乱れに適応する変化を二次遷移と呼びます。

小さな自然の乱れがあると、より強く適応力のある生態系ができることがあります。例えば、小さな、あるいは中ぐらいの自然の野火が森の一部を破壊したとします。燃えた部分は別のもっと小さな植物に対して新しい環境となります。新しい草、花、低木がその地域に育ち、新しい生息地になります。それによって森の多様性は増加し、より力強い生態系ができます。野火、洪水、冬期の霜などの中程度の乱れによって進化してきた生態系もあります。

乱れには大小がありますが、どんな生態系にとっても避けられないものです。芝生に駐車したトラックのような小さな乱れもありますし、2億5千万年前の古生代の終わりに、おそらく火山活動によって地球全体の生命の70％以上が死滅したような破壊的な乱れもあります。私たちが知っている限り、生命は常にそのような乱れをはね返して、復活してきました。復活するのにかかった時間が違うだけです。乱れが大きいほど復活には時間がかかります。時には何万年もかかるのです。

人間の数が爆発的に増えたことで地球は困ったことになりました。人口の増加と都市の拡大は、かなり速いペースで地球上の動植物の絶滅という変化をもたらしました。科学者の中には、このような人間による地球の変化が多くの種の次なる大絶滅につながるだろうと考える人もいます。私たちは、自然と、地球を共有しています。人間が建設を続けるとき、私たちは他の種に押しつけている乱れを自覚しなければなりません。

一次遷移

生物のいない場所にさきがけとなる種が登場し、生命を維持できるようにその場所の土や水を変化させます。

荒れ地

火山が噴火したり、隕石が落ちたり、地面がすっかり岩石におおわれたりすると生き物のいない環境になります。生き物がすぐにもどってくる場合もありますが、何百年、何百万年もかかることもあります。

さきがけとなる種

雨などが洗い流したところへ風が細菌や小さな植物、地衣類やコケ、藻類の胞子を運んできます。胞子たちは生きのびたり、死んだり、をくり返し、土が形成され始めます。

肥沃な土

不毛な岩肌はゆっくりと砕かれて、さきがけとなる種の世代の交代によって土は肥沃になり始めます。そして小さな植物が育ち始めます。

二次遷移

一次遷移のあとで起こりますが、土地を完全に破壊するほどではないような乱れの場合には二次遷移がそのたびに起こります。

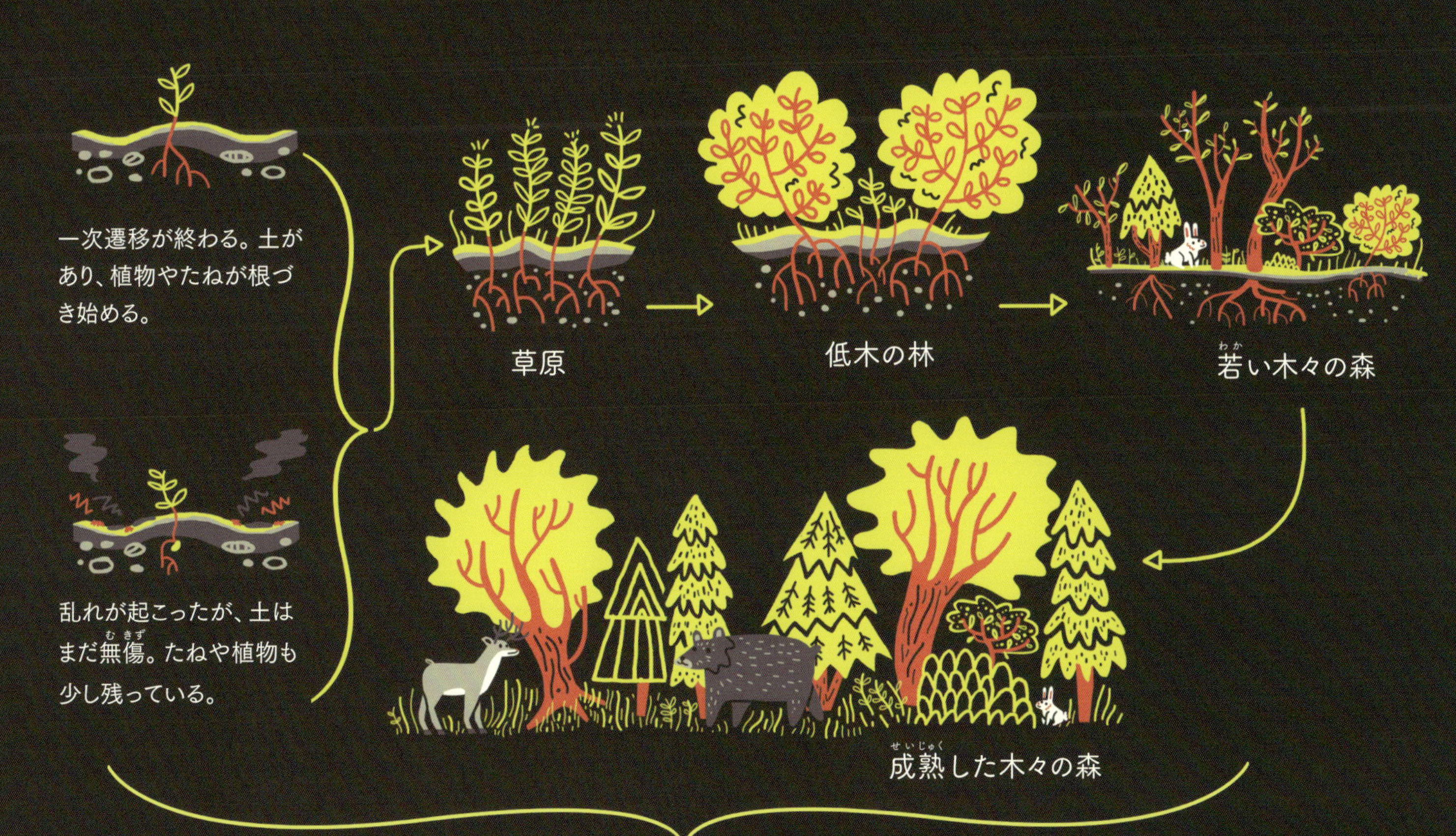

微小生態系

さまざまな規模の生態系に近づいてみたり、離れてみたりすると、自然界の働きがもっとよくわかります。大きな生態系は、たくさんの小さい生物群集でできていることが多く、その生態系特有の微小生息域が存在することもあります。そのような微小生息域を共有する生物と生物以外のものは、自分たちが含まれる大きな生態系の中の生命ともかかわり合うことがあります。例えば、池はその外側の森に住む動物たちに飲み水や食料を供給します。小さな生態系がより多くの資源や多様性を作り出すことによって、大きな生態系はさらに安定になります。微小生態系の2つの例を見てみましょう。

＊微小生息域：ある生物の生活の場となる最も小さい生息場所

池
カ
トンボ
ガマ
カモ
スイレン
ハエ
生産者
藻類、植物プランクトン
カエルの卵
カエル
オタマジャクシ
イモリ
動物プランクトン
タニシ
ヒメハヤ
ヒルムシロ
ゲンゴロウ
ヒル

顕微鏡で見た生態系

地球上には1兆種を超える微生物がいると考えられています。一滴の水を顕微鏡で見てみましょう。そこには生命あふれる世界が広がっています。私たちのまわりには、どこにでも微生物がいます。私たちの皮膚、食べ物、靴の泥、そして私たちが呼吸する空気の中にも。でもうんざりしないでください。微生物に私たちが必要な以上に、私たちには微生物が必要なのです。呼吸するための空気から食べ物まで、地球上のあらゆる生命を維持するために、その小さな生物が欠かせないのです。

植物プランクトンというとても小さな植物は海の食物網の出発点になっていて、海洋中の生物はそのおかげで生きています。また、地球上の酸素の半分以上は海の中で生きる植物によって生産されています。残りは地上の植物が作っています。そのうえ微生物には、枯れた植物や死んだ動物を分解して肥沃な土に変えるという重要な役目もあるのです。この新しい土で新しい植物が成長し、動物や人間を支えます。微生物と細菌は、地球全体の生態系の中で、生命維持に必要な栄養である炭素、窒素、およびリンを循環させています。

細菌などの微生物は荒れはてたところに集団で住みつくことが多く、そこをたくさんの生命を養える生き生きとした生態系に変えていきます。微生物生態学の知識があれば、不毛と思われる地域を生き返らせることができます。微生物には微生物だけの世界があると思うかもしれませんが、私たちの世界は微生物なしには存在しないのです。

一滴の水

土

菌類
カタツムリ
植物
（生産者）
ワラジムシ
破砕者
節足動物
腐敗物
ヤスデ
土
水
ダニ
ミミズ
根
ミミズ
土を耕す
肉食性
センチュウ
根腐れ
センチュウ
菌食性
センチュウ
リン
炭素
窒素
分解
菌類
原生動物
細菌
腐敗物

コククジラはメキシコの
暖かいラグーン［潟］から
北極圏へ毎年回遊する。
グリーンランド
アメリカ合衆国
アラスカ山脈
マッケンジー山脈
海岸山脈
カナダ
スペリオル湖は
地上最大の淡水湖。
（面積）
水圏
湿地
氷床
ツンドラ
タイガ
熱帯雨林
温帯林
草原
低木地
砂漠
山岳
グレート
ベースン
セコイアの森
シエラネヴァダ山脈
モハーヴェ
砂漠
ロッキー山脈
アメリカ合衆国
グレートプレーンズ
アパラチア山脈
ニューヨーク
フロリダ半島
エバーグレーズ国立公園
バハマ
メキシコ
ドミニカ共和国
キューバ
西シエラマドレ山脈
ジャマイカ
ハイチ
プエル
トリコ
ベリーズ
ホンジュラス
グアテマラ
ニカラグア
エルサルバドル
パナマ
コスタリカ
チナンパ（浮き農園）という
アステカ族の持続可能な農法は
メキシコの一部で現在でも行われている。

北アメリカ大陸

北アメリカ大陸は、凍てついたグリーンランドから暖かくて肥沃なパナマまで広がっています。この大陸は「新世界」と呼ばれ、その歴史と伝統は人類の歴史そのものでした。

1万年から2万年ほど前、北アメリカの最初の住人はアジア系でした。シベリアと北アメリカを結んでいた古代の（現在は存在しない）橋のような部分を、遊牧民の大きな部族が歩いて渡ってきたという証拠がいくつも見つかっています。何千年もの間、何世代にもわたって、北極圏の先端から南アメリカまで、多くの人々が途中にいくつもの国、文化、部族を残しながら南下しました。そのような先住民の社会のごく一部が今でも存続しています。1500年代にはヨーロッパ大陸からポルトガルやスペインに率いられた探検のうねりがありました。「アメリカ」という名前は、そのような最初期の探検家のひとり、イタリア人のアメリゴ・ベスプッチにちなんでいます。ヨーロッパにとってのこの新たな「発見」は北アメリカの征服、植民地化へと続き、先住民を暴力的に服従させました。このような人間による侵略とともに、それまでいなかった種類の細菌や動植物が持ちこまれ、その多くが生態系を大きく破壊しました。生き残っている固有の生物群集は、植民地化による悪い影響を現在も受け続けています。

植民地を建設するヨーロッパ人たちは「古い世界」の厳しい階級制度から離れて、新世界でチャンスを手にいれました。彼らは侵略的な種を持ちこんだだけではなく、その土地の農業生産にも大胆な変化をもたらしました。1700年代から今日まで、故郷の動植物を携えた移民の波が新しい生活を求めて北アメリカへやってきています。新しい野生生物の導入は生態系の損傷やアンバランスを引き起こしましたが、時には新しい種が大きな問題の解決になることもありました。たとえばウマとコムギはヨーロッパとアジアからアメリカに入ってきました。これらの動植物は交通手段となり、農業生産物となって北アメリカのさまざまな地域で国土、文化、経済に不可欠なものとなりました。北アメリカは世界中からの新しい移住者たちが住むところとなっており、すばらしい文化のるつぼとなりました。

アメリカワシミミズク
頂点の捕食者
ピューマ
生産者
セコイア
セコイア
雑食性
アメリカグマ
アメリカ
トガサワラ
レッドウッド
シマリス
サケ
ドングリ
一次消費者 オグロジカ
アメリカアカシカ
地衣類
セコイアの倒木
カワラタケ
地衣類
藻類の
細胞
菌糸
分解者
シマスカンク
昆虫
草
ササクレヒトヨタケ
タマシダ

生態系を知ろう

セコイアの森

　アメリカ合衆国カリフォルニア州の海辺の濃い霧におおわれたセコイアの森には、世界で最も背の高い木々がそびえ、樹齢2,000年を超えるセコイアは90m以上にも成長しています。1億6,000万年前のジュラ紀に生えていた木々と同類のものです。アメリカ人の作家、ジョン・スタインベックは「セコイアは我々の知っているどんな木とも違う、別の時代から遣わされたものなのだ」と書きました。

　セコイアは地球上で最も回復力のある種で、洪水にも火災にももちこたえることができます。セコイアは幹に水を多く含んでいるので、燃えても枯れることがありません。そのため適度の火事が、モミ、トウヒ、アメリカツガなどの木々を競うように生い茂らせて都合がよいのです。セコイアの森での小さな自然の火事は、生物の多様性を保ち、大きな破壊的な火事になるのを防いでいます。

　セコイアの木はとても丈夫ですが、涼しくて湿度の高い限られたところでしか育ちません。海岸山脈のセコイアは北アメリカ太平洋岸の、海のもたらす雨と霧の発生する狭い帯状の地域にそって分布しています。大量の雨でその地域は洪水となり、土の栄養が流されますが、森の地面では昆虫や、キノコやコケのような分解者が燃えた木や動植物の死骸を分解して土を再び蘇生させるのです。分解によってこの生態系は新しい表土を作り美しい姿を保ちます。アメリカの国立公園組織による慎重な火災管理や支援、保護のおかげで、公園を訪れる人々はこのような古代の森を楽しむことができます。

　これまで知られた最も樹高の高いセコイアの体積は約1,000m³、鉛筆1億本分！

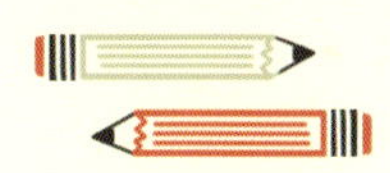

　セコイアの根元にはたねがいっぱい入ったコブのような節があり、本体の幹がダメージを受けると、この休止状態のたねが芽ぶいて新しい木に育つ。

　1800年代の終わりから1900年代のはじめにかけて、何本かの海岸山脈のセコイアとジャイアントセコイア（内陸種）に車が通りぬけられるようなトンネルが作られた。「トンネルの木」はまだ何本か残っているが、くりぬかれた木はやがて必ず枯れてしまう。

　セコイアの森の海岸にはアザラシやオットセイ、イルカやクジラが見られる。

　カリフォルニアの海岸から枯れて倒れて流れ着いたセコイアの丸太を使って、ハワイの先住民は30mものカヌーを作った。

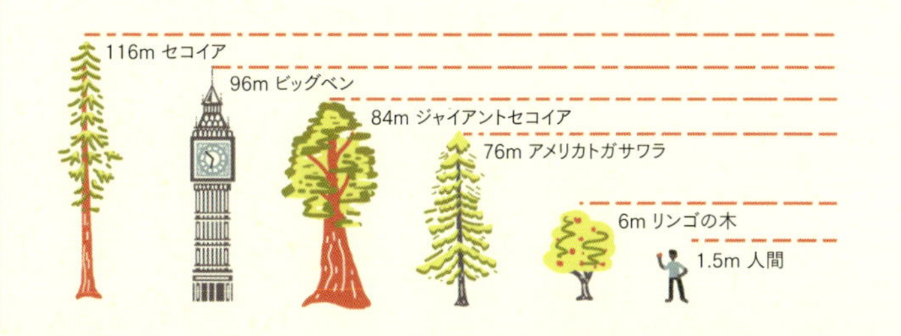

恩恵

　世界中にあるうっそうとした森は空気中の二酸化炭素を吸収して酸素を作り出します。しかしセコイアの森の二酸化炭素の吸収量は想像以上です。海岸山脈のセコイアの大きな木々は成長が速く、幹に他の種類の木々の3倍もの炭素を貯えられます。車や工場からの二酸化炭素による汚染が増加していますから、セコイアをもっと大切にしましょう。

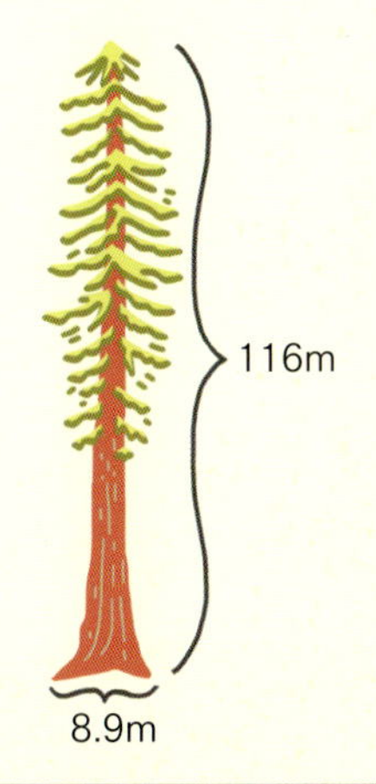

脅威

　セコイアの森は保護されていますが、それでも森は悪質な林業や都市の進出によって脅威にさらされています。周辺生態系はその境界にあって、森を極端な洪水から守っています。木が伐採され、周辺生態系が乱されると森全体が荒れます。生態学者は、役に立つ小さな自然の山火事などを消さないようにしつつ、セコイアの森の荒れた部分を回復するように努力しています。

渡り鳥
カナダヅル
アメリカバイソン
ワオォーン
コヨーテ
プロングホーン
草
ニシマキバドリ
オグロ
プレーリードッグ
アリマキ
アナホリフクロウ
生産者
ヤギュウシバ
草
バッタ
コモリグモ
エキナセア
メリケン
カルカヤ
微生物
菌類
分解者
ミミズ
横取りされた
プレーリードッグの巣穴
フクロウの卵

生態系を知ろう

北部グレートプレーンズ

アメリカのセオドア・ルーズベルト元大統領は合衆国中央部のグレートプレーンズについて次のように書きました。
「グレートプレーンズの野性的で荒涼とした自由に、完璧な孤独に、私はとても魅せられていて、たった一人でそこへ出向く適当な口実はないか、とよく思ったものだった」。

大統領の自然への感謝と敬意の表明をきっかけに、アメリカの国立公園制度が作られました。グレートプレーンズは単なるだだっ広く平らで静かな草原に見えるかもしれませんが、実は生命豊かな原野なのです。ヘビ、ホリネズミ、昆虫が下草の周りで戦いを繰り広げ、鳥は空を飛びまわっています。これらの草原は世界でも有数の肥沃な土をそなえた生態系の基盤になっています。この草原がアフリカのサバンナ(p.65)に匹敵する多くの野生動物と共にバイソンやシカの大群を養っていたのです。しかし、この200年ほどの間にずいぶん変わりました。

1800年代の人口の増加と共に、人々はグレートプレーンズで農業や牧畜、狩猟をするようになりました。豊富な資源があると、とかく使い過ぎや破壊にいたります。日照りや無計画な農業によって、1930年代には壊滅的な砂嵐であるダストボウルが頻発するようになりました。この10年も続いた日照りが終わったときに土を回復させるには画期的な処理が必要でした。グレートプレーンズの大部分は今も農業に使われています。草原での自然の生命の循環は肥沃な土を作り出し、草の長い根は水分をとりこんで乾燥を防ぎます。農民たちが自然の草原を大切にすれば、その自然の恵みによって、新たなダストボウルの到来を防ぐことができるでしょう。

恩恵

グレートプレーンズ固有の草の根はとても長く200mmまでの雨量を吸収できるので、雨季の洪水が防げます。乾季には根に貯えられた水が土を乾燥から守ります。草原の生命の循環でできた肥沃な土は農業や牧畜に最適です。農地の一部に固有の草を生やしておけば、水や化学肥料が少なくても収穫できるのです。

グレートプレーンズのプロングホーンの最高時速は88kmに達し、北アメリカでは最速。

世界でも最大級の風力発電基地がここにある。

1890年代には平原に6,000万頭いたバイソンは乱獲のために絶滅しかけたが、保護活動のおかげで、残った1,000頭から現在では50万頭にまで回復している。

派手なダンスで有名なキジオライチョウ(セージライチョウ)がたくさんいるのは、セージの生い茂る草原の生態系全体が健全な証拠。

北アメリカの平原のうち3万6千km²はアメリカ先住民が管理している。彼らの多くは自然を守る独自の考えに基づいて土地の回復に努めている。

脅威

自然を保全しようというルーズベルト元大統領の願いにもかかわらず、グレートプレーンズは地球上で最も保護の行き届いていない生態系の一つです。一種類の作物の大規模栽培を続けて生物多様性が失われました。平原上の無計画な建造物は野生生物の移動経路や生息地を脅かします。持続可能な農業をめざす人々や牧場主、保護団体、そしてアメリカ先住民の人たちが、保護地域を広げたり、ほとんど残っていなかった固有の草を復活させたりして、できるかぎりの努力をしています。

アライグマ
ベニヘラサギ
イグアナ
ダイサギ
生産者
アメリカヒルギ
頂点の捕食者
ミシシッピワニ
（アリゲーター科）
アメリカワニ
（クロコダイル科）
魚のゆりかご
ロングノーズガー
ウミガメ
枯葉
ネズミフエダイ
魚の卵
ザリガニ
エビ
枯葉
海草
カニ
貝
ヨコエビ
多毛類

生態系を知ろう

フロリダのマングローブ湿原

マングローブの林を訪れる人はその根や枝の絡み合った狭い迷路をカヌーで通らねばなりませんから、湿地で簡単に迷子になってしまいます。そのようなごちゃごちゃした枝や根がこの生態系をうまく機能させ、価値あるものにしているのです。

マングローブは世界中の熱帯地域に見られます。フロリダのマングローブ林は、大西洋の海水と、「草原の川」と称せられる淡水湿地エバーグレイズにはさまれた生態系の周辺部(エコトーン)です。マングローブは低木で、海岸沿いの汽水域*に育ち、塩分を除去して淡水にしています。その密集した根は多くの生物に住みかを与え、フロリダの海岸を侵食と嵐から守っています。

マングローブの重要性はそれだけではありません。マングローブはキーストーン種となっていて、その葉は生態系全体の食物網の出発点です。水に落ちた葉を分解する細菌や甲殻類の幼生に、大きな動物や鳥が集まり、さらに大型の捕食者たちももちろん集まってきます。シラサギやペリカンはマングローブの枝にとまり、ワニたちはその下で、次の食事が近づいて来るのをじっと待っています。この生態系は、1種類の植物によって海岸線全体がいかに変化しうるかをそのまま見せてくれています。

*汽水域…川が海に流れこみ淡水と海水が混じり合うところ
**潮間帯…満潮時には水中にあり、干潮時には水位より高いところ

マングローブの木が吸い上げた海水の一部が汗のようにしみ出すので、その葉っぱは塩からい。

アリゲーター科のワニとクロコダイル科のワニが同じ地域に住んでいるのは世界中でも南フロリダだけ。

イグアナはフロリダ固有ではないが、マングローブ湿地のいたるところでくつろいでいる。

マングローブの根には満潮のときにも水中で呼吸できるようにレンチェル(皮孔)という特殊な管がある。植物は酸素を「吐き出す」が、細胞呼吸には酸素が必要。

恩恵

マングローブ林は海岸線の土地を侵食や嵐から守ります。海や潮間帯**の生物、フロリダマナティーやアメリカワニ、キーオジロジカなどの絶滅に瀕した種の重要な生息地ともなっています。マングローブの根はいろいろな海の生物の卵や稚魚、甲殻類などを敵から守っています。彼らは外海に出て行けるほど成長するまでの期間をマングローブの林で過ごし、やがてメキシコ湾の重要な漁業資源となります。

脅威

1950年代以降、世界中のマングローブ林の半分近くが薪にされたり、建設のために伐採されたりして、破壊されました。現在のフロリダではマングローブは保護種ですが、メキシコ、南アメリカ、そしてアジアでは今も危機が続いています。これらの森がなくなると、海のもっと大きな食物網の中での大切な水生動物の数が減ります。国際的な保護団体がこの重要な生態系の残った部分の保護に力を入れています。

頂点の捕食者
アカオノスリ
ガ
サボテン
フクロウ
ウチワ
サボテン
ジョシュア
ツリー
カンガルーネズミ
クレオソートブッシュ
キットギツネ
コウモリ
モハヴェガラガラヘビ
生産者
カメ
二次消費者
アリ
ヤスデ
サソリ
バッタ
フンコロガシ
クビワトカゲ
分解者

モハーヴェ砂漠

アメリカ合衆国南西部のモハーヴェ砂漠には、変わった形の赤い岩がごろごろしていて、他では見られないとがった葉を持つジョシュアツリーが生え、別世界のようだと言われてきました。かつてモハーヴェ砂漠は古い湖と河床の多い土地でしたが、その後干上がってしまいました。大昔、そのような湖と川が、雪におおわれた山岳地帯のすぐ脇に北アメリカで最も深い谷をけずり出したのです。そのあとの砂漠のあちこちに、地下水と多くの鉱物資源が残されました。

雨季のモハーヴェ砂漠には、ごく限られた種類のサボテンや低木、カラフルな花が生育します。しかし夏には、ヨーロッパからの移住者たちが「神が見捨てた土地」と呼んだ理由が納得できます。この砂漠には、地球上で最も暑く乾燥した土地であるデスヴァレイ(死の谷)があります。気温は常に49℃にもなって、靴底が溶けて脱げてしまうほどで、57℃(!)という世界記録も持っています。

生き物たちはそんな暑いところでいったいどうやって生きのびるのでしょう。生命には水が必要です。ですから、砂漠の植物や動物は、冬季にたまに降る大雨と、地下の帯水層*を見つけることで生きられるようになりました。カンガルーネズミのようにまったく水を飲まず、食べた木の葉やたねから水分をとる動物もいます。一方で、コヨーテやジャックウサギのように暑い太陽を避けるために夜しか巣穴から出ないものもいます。砂漠の生活は厳しいものですが、モハーヴェ砂漠の1,000mを超える標高と地下の水源によって、世界屈指の美しい野生生物や風景が見られます。

*帯水層…水を透過しない地層の上にある、水を通しやすいすき間の多い地層。地下水が溜まりやすい。

恩恵

太陽光のエネルギーを電力に変える

モハーヴェ砂漠は、いつも晴れて雲がなく標高も高いために、世界でも最大級の太陽光発電の基地になっています。かつての湖の底は塩、銅、銀、金のような鉱物資源の宝庫で、今でも掘り続けられ、湖は地下水源となって近隣の町や村への給水の一部となっています。

デスヴァレイにあるバッドウォーター盆地の底は、平均海面から86mも低く、北アメリカで最も低い地点。モハーヴェ砂漠では、盆地とその周囲の雪をいただく3,000m級の山々との大きな標高差が印象的。

モハーヴェ砂漠は山にとり囲まれているので雨雲が到達しない。このような砂漠を「雨陰砂漠」と呼んでいる。

モハーヴェ砂漠とグレートベースン(大盆地)のエコトーンには世界的にも珍しい魚、デビルズホールパップフィッシュがいる。この魚が住む帯水層デビルズホールはとても深いので、地球の反対側で地震があると水面にさざなみが立つと言われるほど。

サバクゴファーガメは雨季に膀胱に水を貯え、水のない季節にはそれを使って生きのびる(ラクダみたいだが、もっとのんびり)。

モハーヴェ砂漠の干上がった湖底で石が動くことがある。わずかに降った雨が凍り、融けかけたときに割れた薄い板状の氷が風に飛ばされ、その氷に押された石が濡れた粘土質の湖底を滑って跡を残す。

脅威

ある地域に貴重な資源があると、それがたとえ砂漠の水のような限られたものでも人間が使い過ぎるおそれがあります。モハーヴェ砂漠の周辺の都市は帯水層を掘って、その水に頼っている生物の生活を奪ってしまい、砂漠の地盤沈下も引き起こしています。また砂漠の多くの部分がつぎつぎとごみの埋め立て処分場に使われています。砂漠を救うために、水の使い方に気をつけ、日常生活で捨てているものについても考えなければなりません。

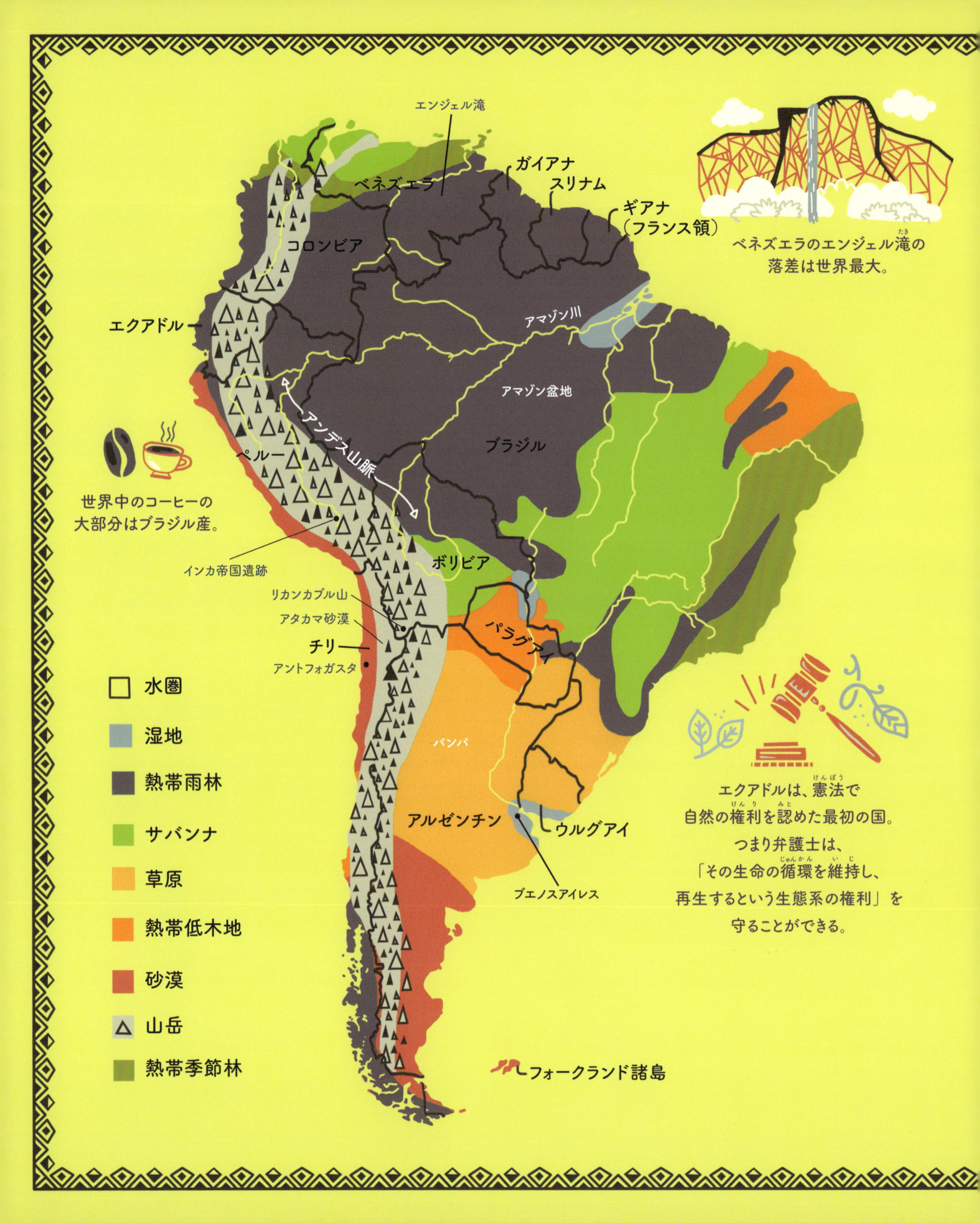
エンジェル滝
ベネズエラ
ガイアナ
スリナム
ギアナ
（フランス領）
ベネズエラのエンジェル滝の
落差は世界最大。
コロンビア
エクアドル
アマゾン川
アマゾン盆地
アンデス山脈
ブラジル
ペルー
世界中のコーヒーの
大部分はブラジル産。
インカ帝国遺跡
ボリビア
リカンカブル山
アタカマ砂漠
チリ
アントファガスタ
パラグアイ
パンパ
アルゼンチン
ウルグアイ
ブエノスアイレス
フォークランド諸島
エクアドルは、憲法で
自然の権利を認めた最初の国。
つまり弁護士は、
「その生命の循環を維持し、
再生するという生態系の権利」を
守ることができる。
水圏
湿地
熱帯雨林
サバンナ
草原
熱帯低木地
砂漠
山岳
熱帯季節林

南アメリカ大陸

世界で最も乾燥した砂漠も最大の雨林も南アメリカ大陸にあります。この大陸の特徴は、背骨のような世界最長のアンデス山脈です。

アンデス高地の上の氷河はアマゾン盆地とそれにつながる多くの川に水を供給しています。アマゾン盆地ではカカオやコーヒーの熱帯農業が行われ、世界中に大量の木材を送り出しています。アンデスは南アメリカ大陸の西側の砂漠の雨よけになっています。これらの砂漠の乾ききった暑さで、鉱石、特に銅が露出し、今日までチリの最大の輸出品の一つとなってきました。山脈の南東はアルゼンチンのパンパの肥沃な草原で、小麦、大豆などの農業や牧畜がさかんです。

自然の恵みによってアンデスは世界の6つの古代文明発祥地の一つとなり、環境がよく資源があったので、古代の遊牧民が定住して農業を始め、都市を建設しました。南北アメリカで最も早く人が住みついたのは現在のペルーで、ノルテ・チコ文明と呼ばれています。ノルテ・チコの最初の町は5,500年以上も前、古代エジプトで最初のファラオが即位する数百年ほど前に、カボチャ、豆、綿などの栽培を始め、人による南アメリカ大陸の自然の変貌が始まりました。現代の南アメリカにはその自然のバラエティと同様にさまざまな文化が根づいています。南アメリカの資源、鉱物、食物は世界中に輸出され歓迎されていますが、そのために土地が酷使され荒れてしまうという問題に直面しています。世界最大の熱帯雨林は今、縮小しつつあります。生態学の知識と、新旧の技術を使えば、健全な生態系を維持しながら土地を利用することができるはずです。

葉
林冠
オオハシ
ナマケモノ
下層植生
二次消費者
ジャガー
クモザル
マンゴー
コンゴウインコ
オウムバナ
ハチドリ
生産者
枝葉
一次消費者
バク
低木層
葉
細菌
分解者
林床
菌類
アナコンダ

生態系を知ろう

アマゾン熱帯雨林

アマゾンは世界最大の熱帯雨林で、地球上の生物にとって、最も豊かでにぎやかな場所です。520万km^2を超える巨大なジャングルは8か国にわたり(その60%はブラジル)、グリーンオーシャン(緑の海原)と呼ばれてきました。アマゾンには世界中の生物種の10%が生息し、色鮮やかな昆虫、奇妙なダンスをする鳥、肉食性の魚、ミユビナマケモノ、その他なんでもいるのです。

アマゾンに住む多くの動植物は資源を取り合わねばなりません。うっそうとしたジャングルで、植物は太陽を求めて競い、ある植物は地表近くではなく、超高層ビルのように他の植物より上へ上へと進化しました。食べ物争いの結果は、時として独特の進化をもたらし、特殊なニッチに新種が現れることもあります。ヤリハシハチドリは自分の体より長いくちばしを持っていて、他のどのハチドリも届かないような長い筒状の花の蜜をひとりじめすることができます。

ここでの生活は、世界最長級のアマゾン川によって支えられています。淡水は空からも降ります。6か月の雨季の間、2千億トンもの雨がイギリス本土よりも広い面積に洪水となってあふれ、その季節には魚やイルカさえもジャングルの中を泳いでいます。この水によって酸素の供給に欠かせない大量の植物が養われ、世界中の気候を制御しています。アマゾンは年間24億トンの二酸化炭素を吸収します。熱帯雨林は世界の酸素の20%を生産していますから、「地球の肺」というニックネームもあるのです。

恩恵

植物が密集するアマゾンは、地球全体の炭素と水の循環に影響を与え、酸素を生産し、世界中の天候、気候を安定にしています。350もの種族や民族を含む約3千万人がジャングルとその周辺に住み、ジャングルで食べ物や仕事を得ています。

アマゾンには食べ物が豊富なので、世界最大の齧歯目カピバラのように大きくなった動物もいる。

淡水に住むアマゾンマナティーは、雨季には川を離れて水のたまった森で草を食べている。

森林をおおう樹木が作る林冠はとても厚くて少ししか日光を通さないので、森の地面はいつもほとんど真っ暗。

アマゾンには、稀少な淡水イルカの一種、アマゾンカワイルカが生息している。

ジャガーはよくワニを狩るので、「ひとっ跳びで殺す者」というトゥピ語が名前の語源だと考えられている。

脅威

配慮の足りない新しい巨大ダム建設などの計画は、雨林の生き物にとって大切な河川系を分断します。森林の違法で壊滅的な伐採もジャングルを危機に陥れています。樹木を取りのぞいて牧場を作るために火を放ち、毎年何百万トンもの二酸化炭素を空気中に放出して地球温暖化の一因となっています。アシャニンカ族のような先住民族は川とジャングルを守るために保護団体と共に働いています。アマゾン雨林は地球全体にとっても重要で、森林伐採とは何としても闘わねばなりません。

フラミンゴ
ビクーニャ
ストロー
グラス
珪藻
特殊な藻類・
植物プランクトン
高濃度の塩水湖
塩
サソリ
チリヤマ
ビスカーチャ
クルペオギツネ
コピアポア
サボテン
ダーウィン
オオミミマウス

生態系を知ろう

アタカマ砂漠

アタカマ砂漠は、前回雨が降ったのは人類が歴史を記すようになるよりも前、というほど乾燥していて、地球上でここよりも雨が少ないのは北極と南極しかありません。この砂漠はアンデス山脈の西側の太平洋岸にあって、海水面よりかなり高く、山脈で雨が遮られて気候も景色も独特なところです。アタカマ砂漠には赤い渓谷が多く、くっきりとした白い塩類平原*と世界一美しい青い空があります。この厳しい気候と戦って生き残ったわずかな植物や動物が、この別世界のような景色に順応して住みついています。

海岸にとても近いので、険しい崖や丘が太平洋から上がってくる雲の水分をとらえて霧が発生する「霧のオアシス」、あるいはロマス[スペイン語で丘]と呼ばれる地域もあります。この少量の水がアタカマ砂漠のその地域の水の大部分です。低木やペルーウタスズメ、クビワスズメなどの鳥類、チリヤマビスカーチャ(ウサギのような齧歯目)やキツネのような小型哺乳類にはこれで十分なのです。もう少し乾燥すると、わずかなサボテン、ハゲワシ、ネズミやサソリしか見られなくなります。チリの都市、アントファガスタの南では地質は赤い岩の海原のようになり、地球というよりは火星のようです。アタカマ砂漠には、霧からも遠く細菌さえも生きのびにくいほど乾燥しているところもあります。生命を脅かすほどのその暑さのおかげで空は晴れ渡り、夜は肉眼でも天の川がくっきりと見えます。この夜空が砂漠の最大の天然資源だと言う人もあるほどです。

*塩類平原…砂漠の浅い塩湖の跡の広大なくぼ地に塩類が堆積した平原。

アンデス山脈が隆起して取り残された海水はまだ蒸発を続けていて、巨大な塩水湖や塩類平原ができている。アタカマ砂漠にはチリ最大のアタカマ塩原がある。

フラミンゴの大集団はアタカマ砂漠の塩類平原の浅い湖に生息する藻類を食べている(フラミンゴの集団はフランボワイアンス[火炎のような集団]と呼ばれる)。

NASAはアタカマ砂漠の火星そっくりの土地で火星探査車(マーズローバー)のテストをした。

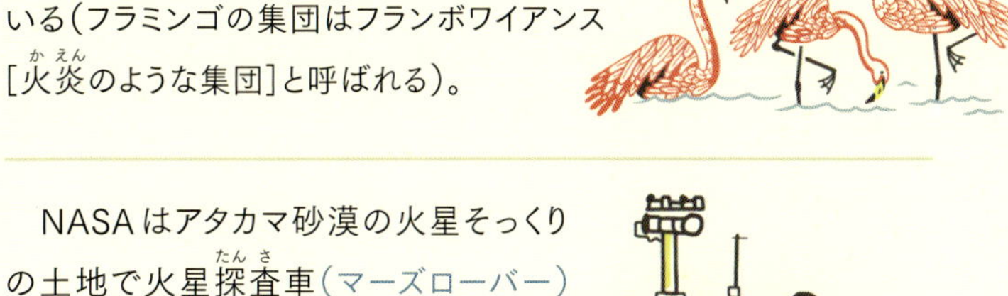

「虹の谷」という名はその谷が自然に発する色にちなみ、「月の谷」には月面そっくりの岩や砂がある。

有名なリカンカブル山のような大きな活火山もたくさんある。

恩恵

アタカマ砂漠は平均標高2,000mという高いところにあり、空が澄んでいて光害がないので星の観測には最適な環境です。ここに「アタカマ大型ミリ波サブミリ波干渉計」と呼ばれる電波望遠鏡群を設置して世界最大の国際天文プロジェクトが実施されています。この長波長の精密な望遠鏡によって遠くの星の詳細な画像が得られ、宇宙の理解がさらに進むでしょう。

脅威

砂漠付近の市街地の拡大につれて夜空にも人工光が増え、その光害は夜行性の動物を混乱させています。生態系に配慮した方法で工事をすることが大切です。特殊な光を採用し光害を規制すれば、地上で最高に美しい夜空と言われるこの砂漠のすばらしい自然資源を守ることもできるでしょう。

アリツカゲラ
グアナコ
アメリカレア
イナゴ
草
頂点の捕食者
ピューマ
草
パンパス
ギツネ
コムネアカマキバドリ
マーラ
甲虫類
草
生産者
パンパスグラス
アラゲ
アルマジロ

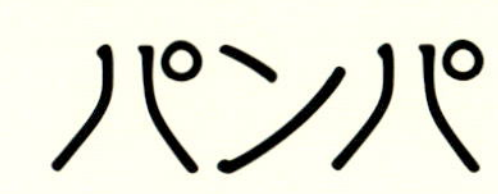

パンパ

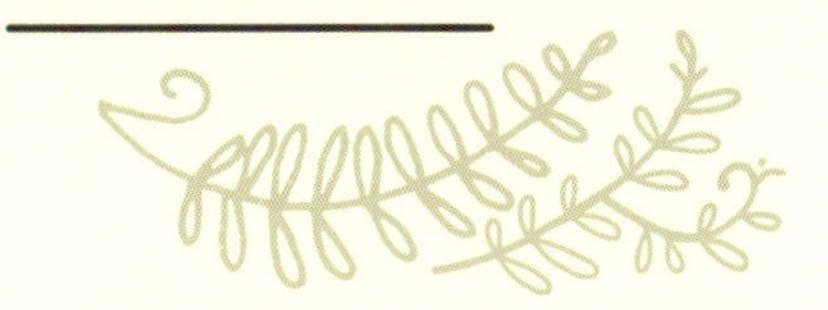

見渡す限り続く平原をガウチョ[カウボーイ]たちが馬を走らせています。南アメリカのガウチョは、パンパで200年以上も全く同じ伝統的な方法でヒツジやウシ、ウマを飼っています。パンパのなだらかな丘には低木や木、ラグーン[潟]や川が点在します。湿潤な気候と「パンペロ」と呼ばれる激しい嵐によって草が育っています。

フレキラー[矢形の穂をつける牧草]のような固有の牧草や木は、その地域にウシが連れて来られるよりずっと前からグアナコ(野生のラマ)やパンパスジカの食料となっていました。1800年代中ごろ、スペイン人が南アメリカに植民地を建設し、家畜化されたウマやウシを連れて来ました。今ではその地方の家畜の大半を占めるまでになっています。世界中の牧草地と同様、パンパの生態系と風景は牧畜と農耕によって変化してしまいました。

パンパはアルゼンチン、ウルグアイ、ブラジルにまたがる広大な地域ですが、資源は無尽蔵ではありません。農耕による土地の酷使や過度の放牧によってパンパの生態系は世界でも最も危機が迫っているものの一つとなっています。動物が食べた後に草原が回復する十分な時間がなければ、土はたちまちやせて植物の生育が難しくなります。ガウチョはパンパのシンボルでしたが、草原の生態系が危険にさらされるにしたがって、彼らの生活も同じように困難になっています。現在、科学者、ガウチョ、そして地主たちがともに、環境に与えるダメージを小さくするような新しい牧畜や農業の技術を創り出そうとしています。適切な管理をすれば土地は何世代も使い続けられるでしょう。

恩恵

パンパの草原はアルゼンチンの経済にとって大切なもので南アメリカの農業の中心になっています。肥沃な土は作物を実らせ、豊富な草はウシなどの家畜の餌となります。農場や牧場の拡大の際にはもともとの草原を部分的にそのまま残すことが重要です。そうすれば砂漠化や洪水を自然に防げるからです。

パンパに住むアメリカレアはエミューのような大きな鳥で、追いかけられるとジグザグに走る。

グアナコのりっぱなまつげは目にゴミが入るのを防いでいる。

アルゼンチン最大の都市ブエノスアイレスはパンパの中にある。

ボンバーチャはガウチョの着ているぶかぶかのズボン。

脅威

生き生きした草地湿原を不必要に排水したり、家畜に食べさせ過ぎたり、持続可能でない新しい農業のために草地を破壊したりすることはパンパの生態系にとっては脅威です。このようなことで土は弱り、草が育ちにくくなります。増え続ける人口に必要な食料を得るためには、大規模な農業と、草地を荒らさないような持続可能な技術とのバランスが必要です。

氷河
腐肉食動物
アンデスコンドル
高地草原
3,000m－4,800m
プヤ
アルパカ
オオハチドリ
草
ラマ
チンチラ
雲霧林
800m－3,500m
ヘンディー
ウーリーモンキー
ガ
シュロの葉
実
アンデス
シギダチョウ
メガネグマ
熱帯雨林
500m－
1,500m
アマガエルモドキ
アマゾン
ツリーボア
ヤドク
ガエル

生態系を知ろう

熱帯アンデス

地球の表面は常に動いています。大陸と海洋の下のプレートは長い間にはすべったり、衝突したりします。超大陸パンゲア*は2億年以上前に分裂し始めて次第に現在のような大陸になりました。アンデス山脈のような高い山岳地帯もこのようなプレートの動きでできました。南北7,000kmにもおよぶこの地域は南アメリカ大陸の西側全体に広がり、西半球の最高峰を含む6,000mを超える山々があります。アンデス山脈の主要な3つの気候の特徴は乾燥、湿潤、熱帯です。熱帯アンデスは、ベネズエラからボリビアにかけての5,300kmの山岳に沿った地域で、生物多様性に富んだホットスポット(p.118)です。

熱帯アンデスの気温は、山に登るにつれて下がり、気候は不安定になります。高度によって異なる特徴的な気候が多様な動植物に適したさまざまな環境になっています。標高4,800mでは、熱帯アンデスは草原と雪におおわれています。それより下の3,500 m付近までは世界最大の雲霧林で、そのあたりの植物は霧に包まれています。さらに1,500mまで下がると十分暖かくなって熱帯雨林の生き物たちが森を歩き回っています。

気候だけがこの森の多様性を実現しているのではありません。ふつうの森林とは違って熱帯アンデスは山を横切って広がっていますから、水に囲まれた島のように、ある野生種は決まった山の上から逃げ出すことができません。ある山だけでしか見られない珍しい動植物種がたくさんあるのです。

*パンゲア…3億年近く前、ペルム紀から三畳紀に存在していたといわれる一続きの大きな大陸。

恩恵

世界中で知られている植物種の15％が熱帯アンデスで見られます。100m四方に300種以上の花が咲きます。森では豊富な植物が毎年54億トンもの二酸化炭素を吸収し、酸素を生産しています。この二酸化炭素の量は10億台の車が一年間に排出する量に匹敵します。

アンデスの雲霧林に生息するメガネグマは名前の通り眼鏡をかけたような顔。クマの仲間では珍しく、金切り声を出したり喉をゴロゴロ鳴らしたりする。

コロンブス到達以前の南北アメリカで最大の文明だったのはアンデスにあったインカ帝国。

現在世界中で栽培されているジャガイモとタバコの原産の地はアンデス。

キミミインコは絶滅に瀕していたが、保護を唱える人々のおかげで個体数は1,500羽を超えた。

熱帯アンデスは世界最大の生物多様性を誇り、ホットスポットに指定されている。

脅威

人口が増えると、燃料、木材、食料の需要も増えます。その結果、熱帯アンデスは木材の使い過ぎと密猟という問題に直面しています。森林が伐採されると、動物が危機にさらされます。その地域でのコーヒーやカカオの持続不可能な大規模生産によって土がだめになり、地域社会は自分たちの食料を得るためにさらに森を切り開くことになります。違法な狩猟や森林伐採を防ぐために、地域の貧困にも本気で取り組まなければなりません。食べ物の心配がなくなれば、人々は野生生物を守ることもできるでしょう。

水圏
湿地
氷床
草原
ツンドラ
温帯林
低木地
山岳
タイガ
ヨーロッパで最も高いところにあるトイレはモンブラン山の登山者用でその標高は4,000m。
スペインで発見された長さが6,000kmにもおよぶ蟻のスーパーコロニーは世界最大のものの一つ。
イタリアのシチリア島にあるエトナ山はヨーロッパ最大の活火山。
アイスランド
スカンディナヴィア山脈
フィンランド
ノルウェー
スウェーデン
エストニア
ラトビア
リトアニア
デンマーク
ブリテン諸島
アイルランド
ペナイン山脈
イギリス
オランダ
ベルギー
ドイツ
ポーランド
ベラルーシ
ウクライナ
ルクセンブルク
チェコ
スロバキア
モルドバ
カルパティア山脈
フランス
スイス
オーストリア
ハンガリー
アルプス山脈
スロベニア
ルーマニア
クロアチア
ボスニア・ヘルツェゴヴィナ
セルビア
イタリア
サンマリノ
ブルガリア
ディナルアルプス山脈
ピレネー山脈
ニース
モンブラン山
アペニン山脈
マケドニア
ポルトガル
バルセロナ
モンテネグロ
ダーダネルス海峡
アルバニア
ギリシャ
スペイン
サルディーニャ島
地中海
エトナ山
ミロス島
ジブラルタル海峡
シチリア島

ヨーロッパ

ヨーロッパというのは地理的な場所ではなくて概念だ、とよく言われます。ヨーロッパはアジアと同じ大陸上にありますが、その東の境界は地理学的には定義されていません。ヨーロッパという概念は、古代ギリシャ人によって作られました。彼らは狭いヘレスポント海峡（現在のダーダネルス海峡）の両側は異なった大陸だろうと決めてかかったのです。ヨーロッパとアジアの境界は、時代ごとに政治や文化によって折り合ったところへと移動しました。ヨーロッパは基本的に、美しいさまざまな文化や気候、風景に満ちた多くの島を持つ大きな半島なのです。

ヨーロッパは西洋文明が幕を開けた「古い世界」だと考えられています。石器時代から産業革命まで、ヨーロッパは大きなスケールで世界中を変化させてきました。古代ギリシャとヨーロッパルネサンスの時代に作られた思想と芸術は今でも現代西洋世界の本質です。探検と植民地化の時代にはヨーロッパ人は多くの別の大陸の歴史と文化に大きな変化を与えました。強大な帝国をめざす競争の中で、ヨーロッパの王国は別の地域の多くの人々を追い出したり、閉じこめたりしました。そのうえ、彼らはヨーロッパの動植物を世界中に持って行き、帰りには各地で見つけた種を持ってヨーロッパへもどったのです。結果として地球全体の生態系にも甚大な影響を与えました。

18世紀の大英帝国では、産業革命によって環境の利用方法が急激に変わり、その変化は逆もどりできないものでした。蒸気機関、製鉄の技術、力織機* などの新しい道具や発明によって物の作り方が変わり、組立てラインによって大量生産が可能になりました。ヨーロッパの多くの人々は農耕を離れてそのような新しい工場で働き始めました。人々は自分の着るものや道具を自分で作らなくなり、大量に作られた品物が世界中で売られるようになりました。石炭と蒸気機関の発達によって輸送が拡大しました。産業革命によって人々の暮らし方、仕事の仕方が変わり、さらに大事なことは、それが私たちと自然界との関係を変えてしまったということです。

* 力織機…蒸気機関や電気などの動力で動かす、布を織る機械。

ミズゴケ
枯れた
植物
地下水
圧力と熱
ピート形成
アカシカ
コチョウゲンボウ
沼地
卵
アナグマ
ユキウサギ
草
ヒバリ
ミズゴケ
アカライチョウ
ミミズ
生産者
ヒース
ヤママユガ
トンボ
マルハナバチ
キバサナギガイ
ワタスゲ
タシギ

生態系を知ろう

ブリテン諸島の湿原

「夕暮れの空を背景に、長く暗鬱なムーアがつねに黒々と弧を描いて連なり、その円弧がところどころ鋭くとがった不吉な岩山によってとぎれているのだった*」。これはコナン・ドイルの有名な小説、「バスカヴィル家の犬」の中の風景の描写です。ブリテン諸島の典型的な湿原、ムーアは多くの作家たちを引きつけました。

この湿った、丘の多い風景は全く自然のものに見えるかもしれませんが、実はこれは人工のものなのです。もともと木の生えない湿地帯だったところもありますが、大部分は古代には森であったことがわかっています。その木々の多くは旧石器時代の人々によってとり払われ、彼らが新しい生態系を作ったのです。湿原は今も使われていて人々は家畜を放牧し、狩猟をしています。現代の湿原は土地管理の伝統に従って維持されています。狩猟の対象を決めたゲーム・ハンティングや管理された野火によって新旧の生態系がパッチワークのように保たれています。こうして草原は再生し将来にわたって家畜の飼料を供給し続けるのです。

湿原には分厚い泥のようなピート［泥炭］の多いところがあります。ピートは石炭ができる最初の段階です。枯れた植物は時間が経つと沼の底に堆積しますが、完全には分解せず、ピートとなります。ピートは深ければ深いほど炭素が多くなります。ピート中の炭素がより強く圧縮されて、より長く燃え続ける燃料に変わります。湿地帯にはミズゴケも生えていて、ピートが洗い流されるのを防いでいます。ミズゴケは水を自然にろ過し、みんなのために美しい淡水を作っています。湿地は炭素を多く含む土になり、草原生態系全体にこの土を補給しています。

*引用…コナン・ドイル著『バスカヴィル家の犬』深町真理子訳、創元推理文庫

恩恵

湿原は、人や動物の食料供給の基地になっています。沼地はきれいな飲料水を供給し、ヒツジの群れに食料を与えます。ヨーロッパに広がるピート地帯は炭素の吸収源として重要です。そこは大気中以外に自然に炭素が貯えられるところとして、炭素循環の重要な役割を果たしています。

毎年アフリカから渡ってくるツバメのように、世界中から多くの鳥が湿原へやってくる。

ピート湿原は「生きている地形」で、たえず新しい小さな丘と窪地を作っている。

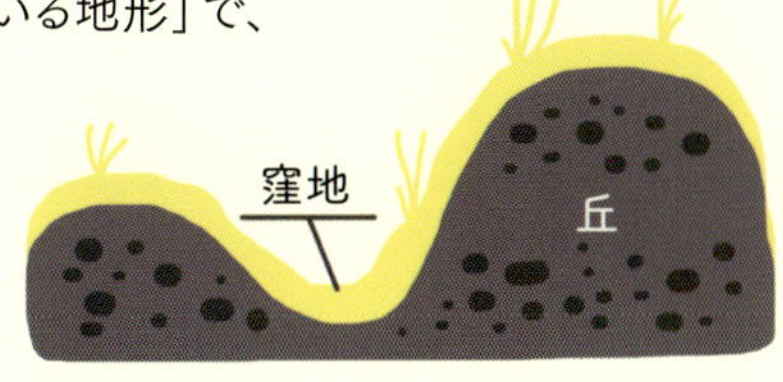

ライチョウは個体数が増え過ぎると狩猟の対象になる。このゲーム・ハンティングは動物の個体数のつりあいのために必要であり、農村にとって湿原の管理を続けるためのもう一つのビジネスになっている。

ピート湿原はヨーロッパ中で見られ、ピートは青銅器時代から燃料であり、今もアイルランド、フィンランドを含むヨーロッパ各地で主に火力発電用に使われている。

沼地のミズゴケはスポンジのように働き、近隣の町を洪水の危険から守る。

脅威

家畜の過度の放牧や無計画な農業、また地球温暖化によって湿原が乾燥すると、手に負えない自然火災が発生しやすくなります。保護団体と土地の所有者たちは、これを防ぐために湿地に水を満たそうと注意深く働いています。時にはそのために火薬を使って溝を掘ったりもします。

イトスギ
ザクロ
カタシロワシ
オリーブ
コキンメ
フクロウ
イノシシ
ノウサギ
ヤツガシラ
ジャッカル
チチュウカイモンク
アザラシ
マダコ
ウナギ
カニ
スジイルカ
アカウミガメ
クラゲ
動物プランクトン
オキアミ
藻類や植物プランクトン
コンブ
アオザメ

生態系を知ろう

地中海沿岸

「西洋文明の誕生の地」は世界最大の囲まれた海である地中海の周辺にあります。地中海沿岸にはヨーロッパ、中東、アフリカの24の国があります。この海は時間が経っても変わらないように見えますが、実はかつて完全に干上がって砂漠だったことがあります。

地中海がまわりの川から受け取る大量の淡水は流れこむよりも3倍もはやく蒸発します。そのために地中海には大西洋から塩水が流れこんでいます。600万年以上も前、地殻変動によってスペインとモロッコの先端が出会い、くっついて地中海を大西洋から切り離しました。太陽の熱によって2,000年足らずの間に地中海の水は全て蒸発してしまったのです。やがて別の地震によってスペインとモロッコは再び離れてジブラルタル海峡ができ、地中海にはまた水が満ちました。現在、シチリア島の真下に、海が蒸発したとき以来とり残されて埋蔵された大きな地下の岩塩坑があります。

肥沃な土地と穏やかな気候の中で、人類は13万年以上も地中海沿岸で繁栄を続けました。その風景は完全に自然に見えますが、実は何千年にもわたって人間によって姿を変えてきたのです。古代の人々が土地を耕し手を加えたので、今日見るような食料を生産できる美しい風景になりました。この地域は、ブドウやイチジク、オリーブ、ラベンダー、ローズマリーなどの作物が豊かです。楽な農業と豊富な海の幸で、地中海地方がパラダイスと呼ばれることになんの不思議もありません。古代の人々にとって暮らしやすかったということは、芸術を創造し、思索に時間を費やすことができたということです。このような地中海沿岸の文明の影響が今もなお世界中に感じられます。

恩恵

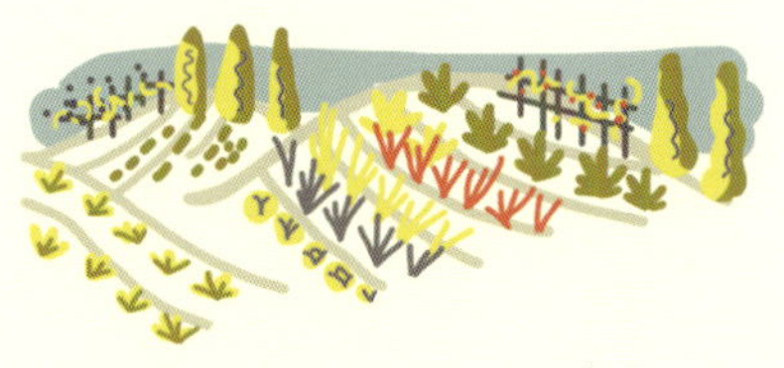

地中海沿岸には2万2,500種以上の植物があって、生物多様性のホットスポットになっています。気候、植生、豊かな資源によってこの地域は古代文明の発祥地となりました。古代ギリシャ、ローマ帝国の芸術や哲学、政治、建築は今でも西洋諸国の芸術と文化に影響を与え続けています。

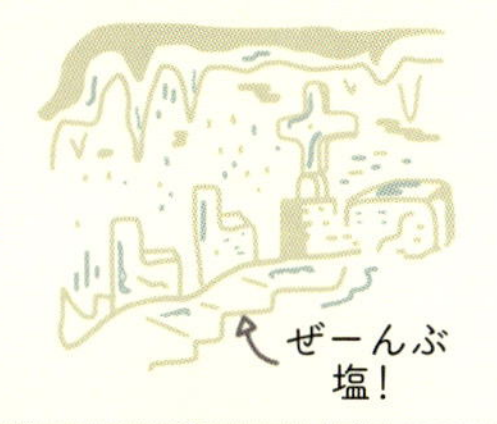

地中海沿岸の下には塩が大量にあるので、岩塩坑の坑員たちは地下に全て塩だけで教会を作った。塩は100万年掘りつづけてもなくならない！

沿岸地方にはヨーロッパ唯一のヒト以外の霊長類バーバリーマカクが住んでいる。

サンマリノは紀元301年に建国された世界最古の独立共和国。

もしかして「青」
という言葉がなかった、
のかな？

「イリアス」や「オデュッセイア」のような古代ギリシャの物語は、地中海を濃いワイン色と表現していて、歴史家はその意味を知ろうとしてきた。澄んだ青い水が昔はもっと暗く見えたのか、あるいは時代と共に人の視覚が変わったのか？

脅威

地中海沿岸地方には年間2億人を超える旅行客が訪れますが、ニースやバルセロナ、サルデーニャやミロスなど美しい観光地に集中しています。そこではホテルの建設や施設の開発が重要課題だということです。地中海沿岸の自然はほとんど保護されておらず、野生生物の生息地は破壊されつつあります。海では魚を乱獲し、川から流れこむ限られた量の淡水を使い過ぎています。人々は何世紀も地中海地方の陸地を破壊することなくなんとか管理してきました。現在、この地方の国々は力を合わせて無責任な土地利用を止めようとしています。

氷河帯
高山帯
樹木限界から
降雪線まで
アルプス
アイベックス
シャモア
草
コケ
亜高山帯
1,600m－2,400m
イヌワシ
腐肉食動物
ヒゲワシ
キバシ
ガラス
アルプス
マーモット
モンタナ
マツ
山地帯
800m－
1,700m
アポロ
ウスバシロチョウ
タイリク
オオカミ
捕食者
ヒグマ
アカシカ
草
丘陵帯
500m－1,000m

生態系を知ろう

アルプス

とても大き過ぎて理解しがたい、という場所があります。アルプスの巨大な山岳地帯もそんなところの一つです。詩人で医者のオリバー・ウェンデル・ホームズは「アルプスを見たあとには私の心は弾性の限界を超えて伸びきってしまって、空間認識がとてもあいまいになった。それに合わせるためには私の認識を広げなければならなかった」と言いました。この美しい山岳地帯はヨーロッパ最大で、山肌に色とりどりの高山植物が広がり、頂上には雪をいただいて、モナコからスロベニアまで8か国にまたがっています。

アルプスの範囲は広いですが、その資源は無限ではありません。狩猟と人口の増加によってクマやオオカミ、オオヤマネコなどの捕食者である動物が危機に陥っています。捕食者と餌とのつりあいがとれないと生態系全体が不安定になります。保護団体と地元政府が、重要な大型捕食者を保護しその個体数を復活させようと狩猟規制を始めました。

年間何百万人もの観光客が堂々たる山を見に、ハイキングやスキーを楽しみに、あるいはヨーデルを歌いにアルプスを訪れます。アルプスは今もなおヨーロッパでも手つかずの自然のある最大の場所ですが、そこで活動する人々が増加し、世界でも最も危機に瀕した山岳地帯となっています。保護団体と地元政府はこの大切な山々を守り、自然を混乱させない方法を確立しようと行動しています。

恩恵

アルプス地域に広がる森林や草原はとても大規模な酸素生産者で「ヨーロッパの肺」と呼ばれています。山頂の氷河は融けてヨーロッパの主要な川や海へ注ぎます。この淡水はアルプスのさまざまな野生生物や人間を支えています。現在、この地域には2,000万人ほどが住み、山の放牧場に依存する農業経済で生活しています。

山岳地帯の農夫たちの多くは今も新石器時代以来の伝統的な農業を行っている。

アルプスではクマやオオカミのような捕食者をおどすのに鉄砲ではなく牧羊犬を使う。犬が大声で吠えて人と動物との危険な接触を防ぎ、野生動物の不要な死を防ぐ。こうして必要な大型捕食者の数を維持して生態系のつりあいをとっている。

寒冷な高山の植物は厳しい気候にもちこたえるために長い根を伸ばしている。

技術のすばらしい進歩によって山岳地帯に道路やトンネルが作られ、アルプスは世界でも最も訪れやすい場所の一つとなった。

脅威

気候変動はアルプスを含む世界中の山岳地域の脅威となっています。地球全体の気温が上がると高山の氷河が融け、なだれが頻発し、寒冷地に適応している動物たちはさらに山の高いところへと移動して他の生物たちを追い出しながら寒冷地を探します。アルプスでは観光客や交通量の増加、破壊的な農法などで野生生物と淡水源に危害がおよんでいます。保護団体と政府は、今まさにアルプス全体を健全に保つために重要な地域を確認し、保護しようとしています。環境に優しい観光（エコツーリズム）の動きが始まり、新しい持続可能な建築物の建設も始まっています。

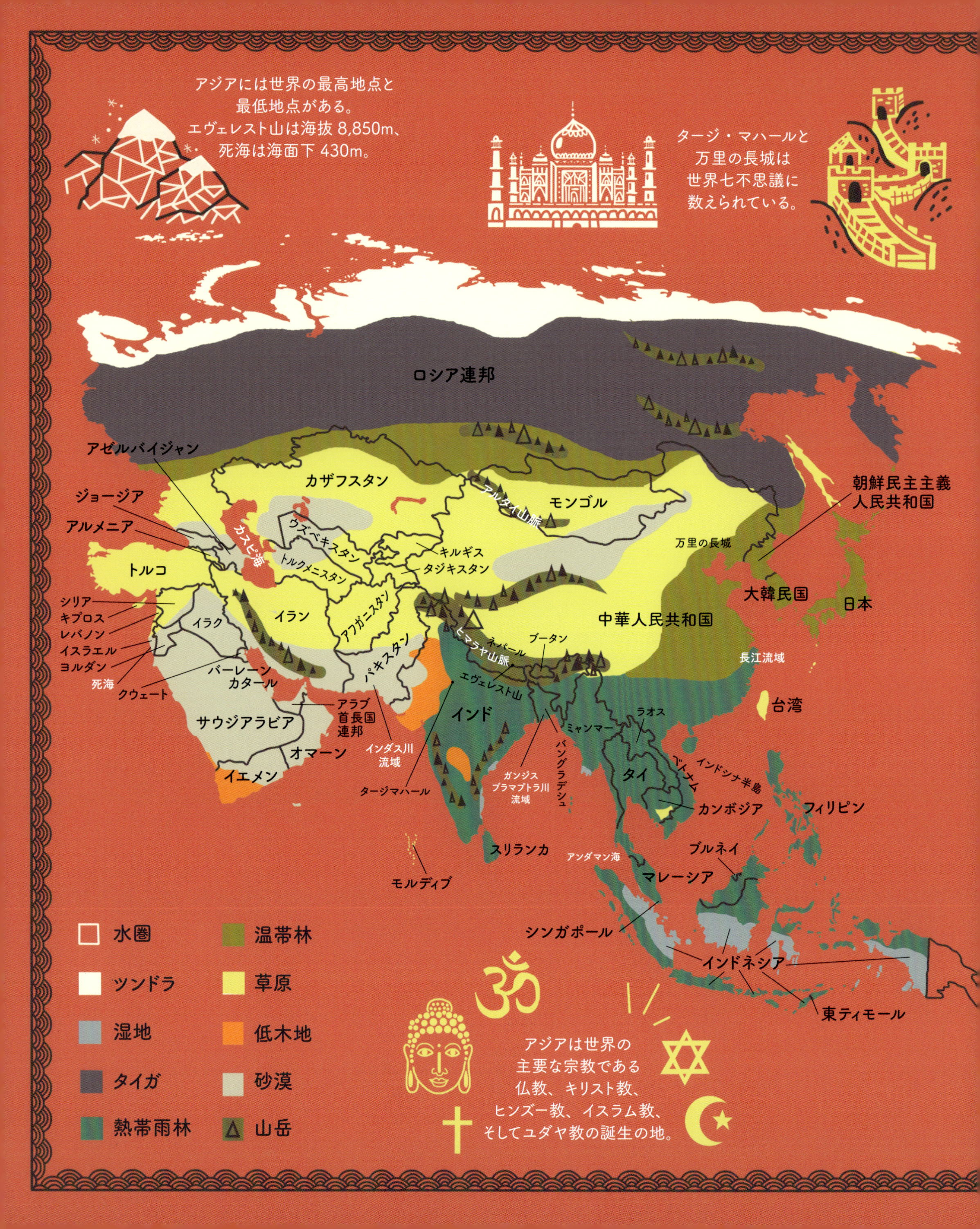

アジアには世界の最高地点と
最低地点がある。
エヴェレスト山は海抜 8,850m、
死海は海面下 430m。
タージ・マハールと
万里の長城は
世界七不思議に
数えられている。
ロシア連邦
アゼルバイジャン
カザフスタン
ジョージア
アルメニア
モンゴル
朝鮮民主主義
人民共和国
アルタイ山脈
カスピ海
ウズベキスタン
トルクメニスタン
キルギス
タジキスタン
トルコ
万里の長城
大韓民国
日本
シリア
キプロス
レバノン
イスラエル
ヨルダン
死海
イラク
イラン
アフガニスタン
中華人民共和国
ネパール
ブータン
ヒマラヤ山脈
パキスタン
バーレーン
カタール
クウェート
エヴェレスト山
長江流域
台湾
サウジアラビア
アラブ
首長国
連邦
インド
ラオス
ミャンマー
バングラデシュ
インダス川
流域
オマーン
イエメン
ガンジス
ブラマプトラ川
流域
タイ
ベトナム
インドシナ半島
タージマハール
カンボジア
フィリピン
スリランカ
アンダマン海
ブルネイ
モルディブ
マレーシア
シンガポール
インドネシア
東ティモール
水圏
ツンドラ
湿地
タイガ
熱帯雨林
温帯林
草原
低木地
砂漠
山岳
アジアは世界の
主要な宗教である
仏教、キリスト教、
ヒンズー教、イスラム教、
そしてユダヤ教の誕生の地。

アジア

ライオン、トラ、それにクマ！　アジアは地球最大の大陸、中東の灼熱の砂漠から中国の肥沃な草原まで驚くほど多様な生態系の宝庫です。南には熱帯モンスーンによって一度に何か月も雨が降り続き水浸しになるインド、北にはほとんど凍ったツンドラ地帯のシベリア。アジアには世界最高峰エヴェレスト山を含む山岳地帯もあります。この高い山々は風の流れをさえぎり、中央アジアや東南アジアのさまざまな気候をつくり出しています。さらに自然の壁となって動物の移動を制限し、古代アジアの帝国への外からの侵略を防いできました。

アジアは人類の歴史が始まった頃の最初の文明発祥地です。古代メソポタミアの肥沃な三日月地帯、古代インドのインダス川流域、そして古代中国の長江の流域。人々が耕作をし、周囲の風景を変え始めるにしたがって人口は急速に増加し、文明は新しい時代へと移っていきました。新しい農耕の技術によって人々は食料を探すために費やす時間を減らして、思索や発明に時間を使えるようになりました。紀元前5000年ごろ、メソポタミアにはいくつかの人口密集地ができて、車輪、灌漑技術、家畜、記録技術、数学などが発明されました。現在アジアは地球上で最も人口が多く、全人口の半数以上が住んでいます。アジアの生態系が世界に与える影響は甚大です。その美しく大切な自然を守ることはきわめて重要なことです。

カラフトフクロウ
生産者
モミ
トナカイ
ユキノシタ
トウヒ
オオ
ヤマネコ
地衣類
オコジョ
シベリアヒグマ
ハタネズミ
コケ
ホッキョクウサギ
草

生態系を知ろう

北東シベリアのタイガ

「小枝ばかりの土地」、「眠れる大地」が、シベリアと寒く乾燥して果てしない森林の続く北ロシアの最初の名前でした。シベリアのタイガは390万km²におよぶ世界最大の太古のままの森林地帯です。耐寒性の松は地上で最も寒い気候に適応してきました。冬は長く、気温は－56℃にも下がって寒さは厳しいですが、雪はほんの少ししか降りません。夏はとても短いものの平均気温は16℃ぐらいまで上がって雪は消えてしまいます。この寒いシベリアには地上で最も毛皮の厚い動物が住んでいます。綿毛のようなぶちのコートを着た獰猛なオオヤマネコや分厚い毛皮でこわそうなシベリアヒグマはノウサギなどの小動物を餌とします。

シベリアのタイガは北極圏につきあたり、ほとんどの土地は何千年も凍っています。この永久凍土では農作物はほとんど育ちません。しかし気候が変化し、気温が上がって北極圏の永久凍土が初めて融け始めました。その結果氷の中に何千年も安全に閉じこめられていた二酸化炭素やメタンガスが急速に放出されます。二酸化炭素やメタンガスが大気中に解放されると、さらに地球温暖化が加速されます。

シベリアのタイガは世界最大の人の手の入らない自然の一つです。この大きな常緑の森林は植物ができる限りの働きをしています。大気中に酸素を送り出し、この厳しい冷たい土地を住みかとする毛皮を着た動物たちの食物網の出発点にもなっています。

シベリアの森林中の多くの岩石は火山性でペルム紀から三畳紀のもの。

地球の陸地面積の17％はタイガのバイオームが占めている。

夏には300種もの鳥がシベリアにやって来るが、シベリアで寒い冬を過ごすのは30種だけ。

永久凍土が融けてできたバタガイカ・クレーターはその種のものでは最大。そこから聞こえる奇妙な音のせいで、その地方の民話では「地下世界への門」と言われている。

永久凍土が融けて先史時代のミイラ化したケナガマンモスと古代の細菌が見つかった。

恩恵

この大きな常緑の森は地球全体における二酸化炭素の吸収源になっています。つまりこの森林は大気からの二酸化炭素の吸収と酸素の生産という大切な役割を担っているのです。タイガは地球の気候の安定化にも役立っています。シベリアは、石炭、化石燃料、鉄、そして金などの鉱物資源の宝庫でもあります。

脅威

地球温暖化は永久凍土が融ける原因となり、閉じこめられていた温室効果ガスを大気中に解放します。シベリアにはありあまるほど樹木があるので、伐採をし過ぎても後に植林をしていません。石炭を掘り、動物の毛皮を取り過ぎることもシベリアの自然を脅かしています。

ブラック
マングローブ
生産者
スンダエンビコウ
フクロテナガザル
ナツメヤシ
の実
頂点の捕食者
トラ
マレーバク
草
ノコギリガザミ
イリエワニ
ホシバシペリカン
エビ
マレーワニ
ボラ

生態系を知ろう

インドシナ半島のマングローブ

東南アジアの海岸線に沿って、根のからみあったマングローブの林があります。マングローブは淡水と海水の出会うところに育つように根が塩分をろ過するという独特の進化をとげました。海と陸の生態系にはさまれたマングローブ林は重要なエコトーンであり、タイ、カンボジア、ベトナム、そしてマレーシアの海岸線を守っています。その枝や根は嵐に対する自然の壁になり、潮流による侵食を止め、たくさんの動物たちに迷路のような隠れ家を提供しています。マングローブ林は海の生き物の重要な繁殖場所であり、彼らの赤ん坊のゆりかごでもあります。太平洋、インド洋を通じて、海の生態系の基盤となっています。アンダマン海岸のタイ人の漁師がうまく言っています。「もしマングローブがなかったら、海なんて何の値打ちもないよ。根のない木を持っているようなものさ、マングローブは海の根っこだからさ」。

この重要なマングローブ林はベトナム戦争中にほぼ完全に破壊されました。ベトナムの海岸線の中央部にあった林の大部分はその間をぬったタンカーの航行と、ナパーム弾や、除草剤と同じ成分の生物化学兵器であるオレンジ剤(強力枯葉剤)にさらされたことで枯れてしまい、マングローブ林の多くと周辺の生態系、ベトナムとカンボジア全土の農地が壊滅しました。除草剤は大量に吸いこむと人体にも有害で発がん性があり、出産時の異常、そして後の世代に影響する遺伝子の異常などを引き起こします。何百万人もの人がオレンジ剤の影響に今も苦しんでいますが希望もあります。保護団体の人々がこの地域の森林再生に大きな一歩を踏み出し、かつて崩壊した土地に新しい命が芽吹いていますから。

恩恵

マングローブ林は自然の壁となって海岸線を嵐や侵食から守ります。インドシナ半島のマングローブ林には土着の哺乳類はいませんが、日々狩りをする動物がたくさんいます。多くの魚や甲殻類はマングローブの水中の根を産卵場所としています。成長期の稚魚の隠れ家として最適の場所なのです。

マレーワニや、ワニに似たオオトカゲもマングローブを住みかとしている。

ここにはホシバシペリカンやハジロモリガモを含む世界でも希少な水鳥がいる。

インドシナ半島のマングローブ林は、タイからオーストラリアにかけての多くの異なるマングローブ林を含む生態系のネットワークの一部。あちこちのマングローブ林で生まれたたくさんの魚がグレートバリアリーフに移動して住みつく。

シュリンプ・カクテル[小エビの前菜]はお好き? ベトナムの養殖場で大量のシュリンプが獲れるのは実はマングローブのおかげ。

マングローブ林で見かけるバクの子どもの体は隠れやすいように白い線と水玉模様。7か月ぐらいになると子ども時代の毛皮をぬぎ、その柄もなくなる。

脅威

インドシナ半島のマングローブは役に立たないと誤解している人も多く、彼らは新しい建物や農場の開発のために取り除こうとします。タイでは国内のマングローブの半分が切り出されて炭が作られました。さらにマングローブの近くで爆薬や底引き網が漁業に使われることがあり、木や野生生物、特に海の生物の幼生にダメージを与えています。

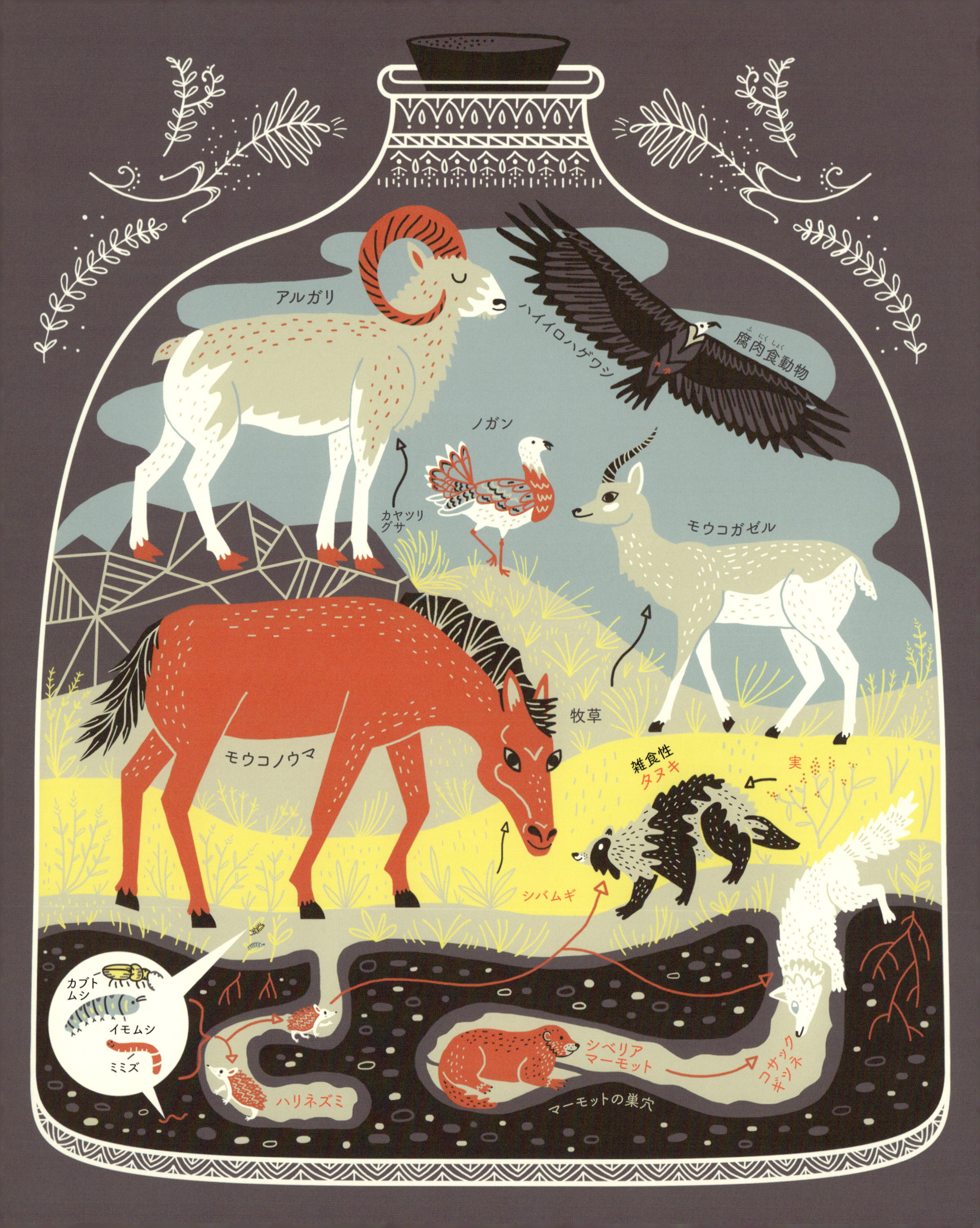

アルガリ
ハイイロハゲワシ
腐肉食動物
ノガン
カヤツリグサ
モウコガゼル
牧草
モウコノウマ
雑食性
タヌキ
実
シバムギ
カブトムシ
イモムシ
ミミズ
ハリネズミ
シベリアマーモット
コサックギツネ
マーモットの巣穴

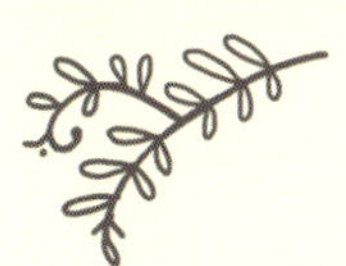

生態系を知ろう

東モンゴルのステップ

東モンゴルのステップには、世界最大の手つかずの温帯草原が広がっています。驚くほどの速さで世界の草原が縮小しつつある一方で、モンゴルでは100万頭ものモウコガゼルが自由に駆け回っています。モンゴル[約160万km^2]はアラスカよりやや狭く、大部分は起伏のある丘や草原と湿地です。年間250日は晴れ渡っていて、土地の人々は「青空の国」と呼んでいます。しかしこの標高1,000mを超えるほとんど平らな高原は季節による気候の変化が大きく、アルタイ山脈の西側のステップよりもずっと厳しい生活を強いられています。草原の夏は温暖で、成長の速い草が茂りますが、ステップの冬は風が強く氷点下まで下がります。モンゴル全域で気温は非常に低く−40℃にもなることがあり、この寒さを表わすモンゴル語に「ゾド[厳しい大雪]」という言葉があります。

東モンゴルのステップは人の手の入らない広大な地域と豊かで特徴的な自然のためにユネスコの世界遺産になっています。この草原では、丸々と太ったタヌキ、優雅なコサックギツネ、絶滅寸前のモウコノウマなどが見られます。ステップの草原が今も荒れていないのは、モンゴルの人々による伝統的な土地管理のおかげです。モンゴルは今もなおかなりの部分が未開発で、人々の多くは土地の状態に頼っていますから、その管理を最優先にしています。事実20世紀には伝統的な遊牧民として暮らす人々が増加しています。モンゴルの人々とステップとの大切な結びつきがあって、いま世界でも屈指の未開発の土地が残っているのです。

恩恵

世界最大の豊かな温帯草原は一国を支えています。モンゴルの経済は家畜から得られる肉、羊毛、カシミヤでなりたっています。政府は狩猟制限を強化し、草原を健全で豊かに保つために伝統的な土地管理技術の保存を奨励しています。

モンゴルの遊牧民の多くは今もパオに住み、伝統的な衣服を着ている。

モンゴルの野生のウマは違法な狩猟と家畜との争いによってほとんど全滅した。

東モンゴルのステップは、ウクライナから中国までのアジアを横断する8,000kmもの草原バイオームの一部。

アルガリのこども
ぼくだって
300kg以上
あるよ

モンゴルは山に住む世界最大のヒツジであるアルガリの生息地。

脅威

ヤギからとれるカシミヤはモンゴルの最も高額な輸出品です。しかしこのヤギの数が増えると土地が損なわれます。ヤギは草の葉っぱだけではなく根まで食べるので牧草地全体が荒れて、農地とならない砂地だけが残るのです。牧畜をする人は自然保護関係者と共にもっと効果的で持続可能なヤギの飼育方法を考えています。それがうまくいけば10年もすれば荒れた牧草地は復活するでしょう。しかし、カシミヤの需要は増え続けています。どんなに田舎であっても農耕や開発をするには保護を念頭におかねばなりません。

氷河
山地草原
3,000m－5,000m
ヒマラヤタール
ユキヒョウ
草
ナキウサギ
温帯針葉樹林
2,500m－4,200m
竹
ターキン
葉
レッサーパンダ
ジャコウジカ
温帯広葉樹林・
混交林
2,000m－3,000m
ラングールヤセザル
熱帯・
亜熱帯
広葉樹林
500m－1,000m
アカエリサイチョウ
実
シダ
ラン
アジアゾウ
イノシシ
ベンガルトラ
ミミズ
球根
草

生態系を知ろう

ヒマラヤ山脈

「ヒマラヤ」はサンスクリット語で「雪のあるところ」という意味です。世界の最高峰は、アジアの神話と伝説の発祥の地でした。20世紀にはヒマラヤは、頂上をめざす登山家たちにとっての到達目標となりました。しかしヒマラヤは冒険のためだけにあるのではありません。

山岳地帯を登るほど気候は寒くなります。ヒマラヤ山脈の頂上は氷河です。北極圏と南極大陸についで、ヒマラヤの頂上が地上で3番目に大きな氷と凍った雪をいただいています。高度が下がるにつれて、気温は上がり、雪や氷は融けて川へと流れこみます。

高度5,000m以下には西側の高原低木地と山地草原が広がります。めったに人に姿をみせないユキヒョウがこのあたりの岩場でジャコウジカを狩ります。さらに900mほど下ると谷の奥のマツとトウヒの林に絶滅に瀕したレッサーパンダが住んでいます。さらに下っていくと気候はもっと熱帯的になります。3,000m付近では東側の森はカシの大木が多くなり、美しいランや500種もの鳥がいます。山のふもと、1,000m以下では熱帯広葉樹林がはじまり、トラやゾウが濃い葉陰に隠れています。

これらの山々の地勢はかなり異なっていますが、共通点もあります。一つの山は頂上からふもとまでつながりのある大きく複雑な一つのネットワークになっていて、個々の異なる生態系は生き残るためにとなりどうしで依存しあっているのです。

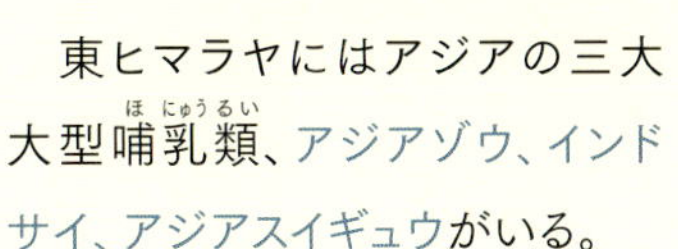

東ヒマラヤにはアジアの三大大型哺乳類、アジアゾウ、インドサイ、アジアスイギュウがいる。

この地域では地殻の造山運動が今も活発なので、地すべり、地震、斜面崩壊が頻発している。

8,848mのエヴェレストは世界最高峰で、登頂には約2か月かかるのがふつう。

エヴェレストにはじめて登頂したのは山岳シェルパのテンジン・ノルゲイとエドモンド・ヒラリー卿で、1953年のこと。

恩恵

ヒマラヤ山脈の巨大氷河は、アジアの広い範囲の淡水源になっています。氷河が融けると、アジアの三大河川、インダス川、長江、そしてガンジス・ブラマプトラ川へと流れます。山脈は南アジアの気候に影響する大きな自然の壁となっています。冬の冷たい北風が南のインドに到達するのを防ぎ、南西の季節風が北へ到達する前にさえぎって、雨を降らせる雲を作ります。

脅威

気候変動によって世界中の氷河は急速に融けつつあります。ヒマラヤ山脈の氷河は驚くべき速さで融けているので、アジアの大半が頼る淡水源は脅威にさらされています。そのうえ、山の森林は木材と牧草として使い過ぎの状態です。ヒマラヤ東部には草原がないので、農民は山の森林で動物に草を与えていますが、森林はこのたくさんの家畜の食料をまかないきれません。保護団体は土地を守るとともに山での農業に頼る人々の生活の改善にも取り組んでいます。

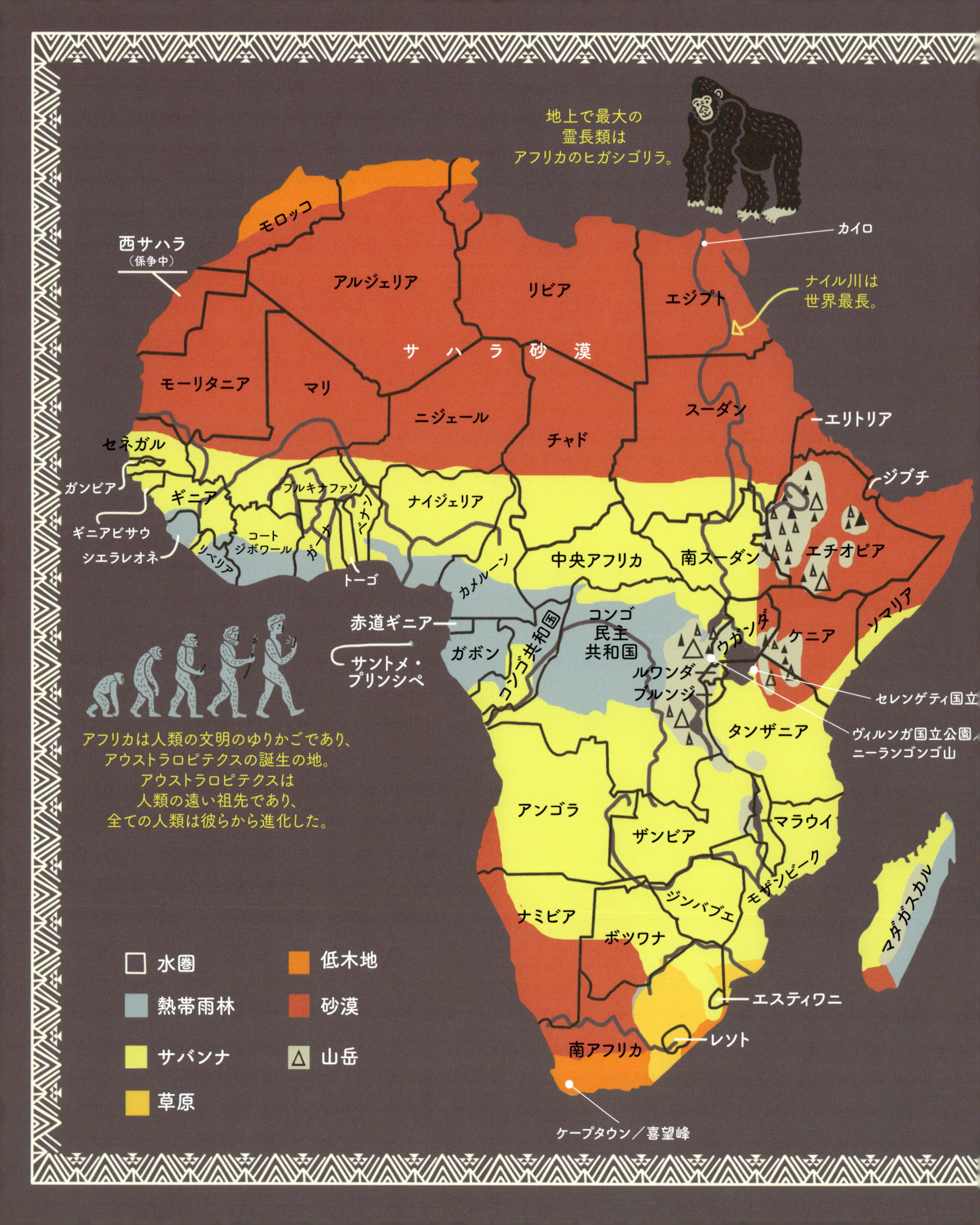

地上で最大の
霊長類は
アフリカのヒガシゴリラ。
カイロ
ナイル川は
世界最長。
モロッコ
西サハラ
（係争中）
アルジェリア
リビア
エジプト
サハラ砂漠
モーリタニア
マリ
ニジェール
チャド
スーダン
エリトリア
セネガル
ジブチ
ガンビア
ギニア
ブルキナファソ
ベナン
ナイジェリア
ギニアビサウ
コート
ジボワール
ガーナ
リベリア
シエラレオネ
トーゴ
カメルーン
中央アフリカ
南スーダン
エチオピア
赤道ギニア
ガボン
コンゴ共和国
コンゴ
民主
共和国
ウガンダ
ケニア
ソマリア
サントメ・
プリンシペ
ルワンダ
ブルンジ
セレンゲティ国立公園
ヴィルンガ国立公園／
ニーラゴンゴ山
タンザニア
アフリカは人類の文明のゆりかごであり、
アウストラロピテクスの誕生の地。
アウストラロピテクスは
人類の遠い祖先であり、
全ての人類は彼らから進化した。
アンゴラ
ザンビア
マラウイ
モザンビーク
ジンバブエ
ナミビア
ボツワナ
マダガスカル
水圏
低木地
熱帯雨林
砂漠
サバンナ
山岳
草原
エスティワニ
レソト
南アフリカ
ケープタウン／喜望峰

アフリカ大陸

アフリカは全ての人類の発祥の地です。600万年以上かけて、人類はサルのような祖先から今日の頭脳の大きな二足歩行のホモサピエンスに進化してきました。600万年前から200万年前にかけて生きていた祖先たちの化石はアフリカだけで見つかっていますので、人類はほとんどこの大陸で進化したと考えられています。

アフリカは地球上の2番目に大きな大陸ですが、そこには最大級の未開発地域がいくつかあります。そこはまた場所ごとに大きく違っています。ゴリラはコンゴの世界第二の熱帯雨林を歩き回っています。ラクダは世界最大の灼熱の砂漠、サハラの砂の上を旅しています。アフリカの別のところではライオン、シマウマ、その他の野生動物たちがセレンゲティ国立公園を横切って地上で最大規模の壮大な旅をしています。

アフリカには貴金属や宝石、金属鉱石などの天然資源が豊富で、採掘されて世界中に輸出されています。1600年代から1800年代にかけて、ヨーロッパ人は土地と資源を求めてアフリカを強制的に植民地にしました。植民地であったアフリカの解放が始まったのは1950年代でした。独立を得るにつれて、多くのかつて植民地であった国では、南アフリカの人種隔離政策のような差別に対抗し、人々の平等を求める戦いが起こりました。植民地であったことは、政治や土地利用、今日のアフリカを作り上げている54の国々の国境に対しても大きな影響を与えました。

カイロからケープタウンまで、アフリカには大きな都市や多種多様な文化があります。アフリカの一部の地域には貿易や経済の力があるのですが、この大きな大陸の多くの地域はまだ開発もされていません。世界で最も貧しい国のいくつかはアフリカにあります。貧困が原因で、違法な狩猟や森林の伐採、重要な生態系の破壊が起こります。資源の乏しい国が教育、エネルギー、食糧を手に入れられる持続可能な経済を確立する手助けになるように、環境のための闘いが進められています。

林冠
果実
ゴリラ
チンパンジー
葉
下層植生
昆虫
コンゴクジャク
ヤシ
マルミミゾウ
低木層
ヒョウ
草
オカピ
分解者バクテリア
シダ
板根
菌類
林床

生態系を知ろう

コンゴの熱帯雨林

コンゴの熱帯雨林のうっそうと茂った樹葉の広がりは、アフリカの中央部から大西洋岸へ6か国におよんでいます。ゴリラ、ゾウ、スイギュウはみんなこの森の木々や茂みの中にいます。コンゴには野生動物が過密で、多くの動物と植物が土地を共有していますから、資源をめぐる争いが避けられません。

混み合った熱帯雨林では植物は空間を求めてさまざまな方法で優位に立とうと張り合います。ある植物は捕食者を寄せつけないために樹液に毒をもっています。イノシシやサルのような動物が実を食べて移動して種を排出することで森の中にその分布を広げようとする植物もあります。またある植物は鋭いとげや強いつるを使って、太陽の方へ伸びていきます。コンゴでは1haの森林に1,000本以上の木が生えています。

密林がこのように大きく広がっていると、植物はそれ自体で一つの気候を作り上げます。木は「蒸散」という方法で葉から酸素と水蒸気を出します。その水蒸気は雲を形成し、やがて雨となって降ってきます。実際、コンゴの熱帯雨林の雨の95%は直接、植物の蒸散によるものです。大量の雨は森林の地面にあふれ、ジャングルをぬう無数の川に流れこんで巨大な滝となり、ついには大西洋に達します。世界はこの力強くて湿潤な生態系の恩恵を受けています。地上の酸素の3分の1は世界各地の熱帯雨林で作られているので、地球上第二の熱帯雨林としてコンゴは間違いなく「アフリカの肺」というニックネームに値します。

*板根…薄い板のような形で地表に出ている根

恩恵

コンゴの熱帯雨林には7,500万人以上の人々が住み、国の経済はその豊かな生態系に依存しています。密林は天候を制御し、大気中に酸素を供給するので、二酸化炭素の排出に関する競争では有利であり、樹木は木材として世界中で使われています。この熱帯雨林にはボノボやゴリラなど他でみられないような多くの動物も住んでいます。

コンゴの熱帯雨林にあるヴィルンガ国立公園は1925年に設立されたアフリカで最も古い国立公園。

コンゴの森の地面には光るキノコがあって、地元では「チンパンジーの火」と呼ぶ。枯葉を食べた菌類が作った特殊な酵素がキノコを光らせる。

ゴリラ見物の観光は熱帯雨林を保護する寄付金を集め、地元の新しい経済発展の機会となっている。

コンゴの熱帯雨林は他のどこよりも雷雨が多いという特殊な気候で、年間の落雷は1億回といわれる。

熱帯雨林のゾウたちには、深いジャングルを通って小さな湖のある特別な空き地へ行くための決まったルートがある。彼らはそこで群れになって深い泥の下にある塩を食べる。

脅威

ゴリラやサル、レイヨウ[アンテロープ]などの森の動物を、肉のために違法に狩猟することは、危機にある動物たちを絶滅の瀬戸際へと追いやります。地域の6か国と保護団体は、燃料のための危険な伐採を止めさせ、熱帯雨林内の保護地区をもっと作ろうとしています。アフリカで最も貧しい人々は雨林の中や周辺に住んでいて、彼らが経済的な危機におちいると密猟や取り返しのつかない量の採掘、伐採に向かってしまいます。保護活動と協力して、貧困対策も実施されています。ジャングルはその資源を未来の世代に残すような方法で利用されなければなりません。

ヴァケリアトルティリス
シマウマ
キリン
寄生者
マダニ
草
アマサギ
頂点の捕食者
ライオン
アフリカゾウ
草
腐肉食動物
シマハイエナ
ウシツツキ
マダニ
生産者
メガルカヤ
チーター
ヌー

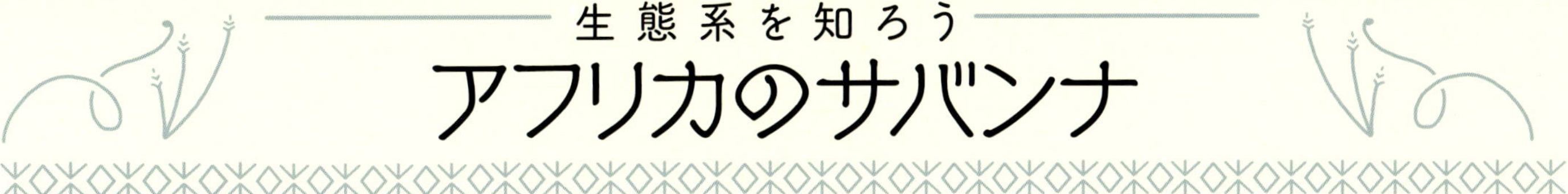

生態系を知ろう

アフリカのサバンナ

あなたは100万頭ものヌーが移動している音を聞いたことがありますか。あるいはヌーを狙うライオンのうなり声は？　アフリカのサバンナ*では毎年、世界でも最大規模の動物の移動があります。150万頭ものシマウマやゾウ、ガゼル、キリン、その他の草食動物が新鮮な草を求めて移動します。彼らはセレンゲティ平原を横切ってタンザニア、ケニアを通り、一周3,000kmも移動します。一次消費者たちには、獲物を狙う捕食者であるチーターやライオン、ハイエナがついて行きます。鳥やトカゲ、昆虫たちも大きな動物の皮膚についている虫を捕るためにその移動に便乗します。

アフリカのサバンナは、木が点々と生えた草原で、大陸の半分ぐらいに広がっています。サバンナの動物は、季節に合わせて生活しています。雨季の間は沼地にはカバと海鳥がいっぱいです。乾季にはサバンナの一部は自然の野火の炎に包まれ、イギリスと同じくらいの面積が焼きつくされます。これらの野火は生態系を保つために必要なもので、新しい草の成長を促します。草を食べる動物は――最大の陸上哺乳類であるアフリカゾウも――季節と共に移動します。メスのゾウたちは最年長のメスに率いられしっかりと連帯した家族集団で旅をします。ゾウは非常に賢く、彼らの縄張りの中の食事や泥浴びに都合のよい場所を記憶しています。これはアフリカのサバンナで見られる動物に関するたくさんの不思議のうちのほんのわずかな例に過ぎません。

*サバンナ…低木や高木が点在する熱帯の草原。ほとんどのサバンナには雨季と乾季がある。

恩恵

アフリカのサバンナには実に多くの動物が住んでいます。セレンゲティ地域だけでも3,000頭以上のライオン、170万頭のヌー、25万頭のシマウマ、そして約50万頭のガゼルがいます。これらの全てがサバンナを移動しながら大量の排せつ物を落とし、自然に土を肥沃にします。多くの野生生物を支える草原は、人々にも農耕と家畜の飼料のための栄養豊富な土を提供しています。

サバンナの一部はコンゴ民主共和国のニーラゴンゴ山のような活火山からの火山灰によって肥沃になっている。

ヌーの移動は毎年かならず時計回り。

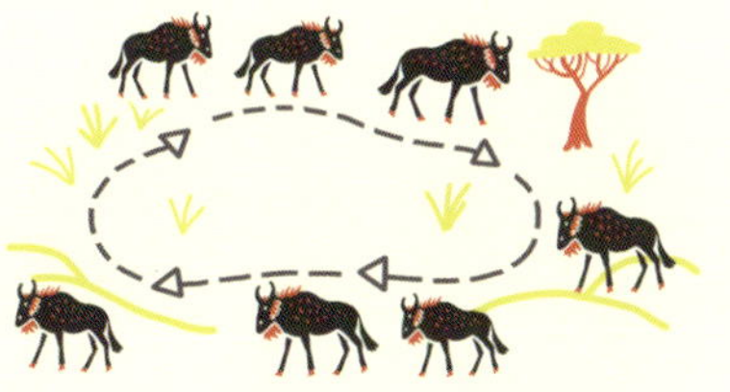

シマウマはウマのようにはいななかず、犬のように吠える。

ゾウは足のうらのやわらかいスポンジのような皮膚で振動を感じる。彼らは捕食者が近づいたとき、地面を足で踏み鳴らして遠くにいる仲間に知らせる。

獲物を追うチーターは時速100km。

脅威

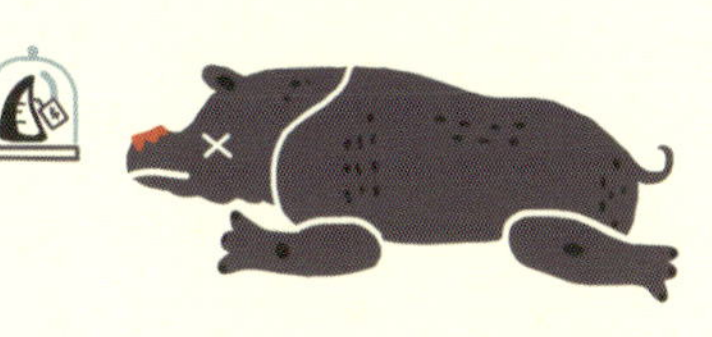

アフリカゾウやクロサイなどの絶滅の危機に瀕した動物にとって密猟は脅威です。地球温暖化による気温の上昇は、雨季の雨量を減らし、乾季を引き伸ばすので、新しい草が生えにくくなります。さらに、ずさんな計画による建設は多くの動物の自然の移動ルートの邪魔になります。さいわいにもタンザニアのセレンゲティ国立公園は世界最大規模の動物の移動が続けられるように保護を続けています。しかし密猟を止めさせ、サバンナの残りの部分を守るためにはもっと努力しなければなりません。

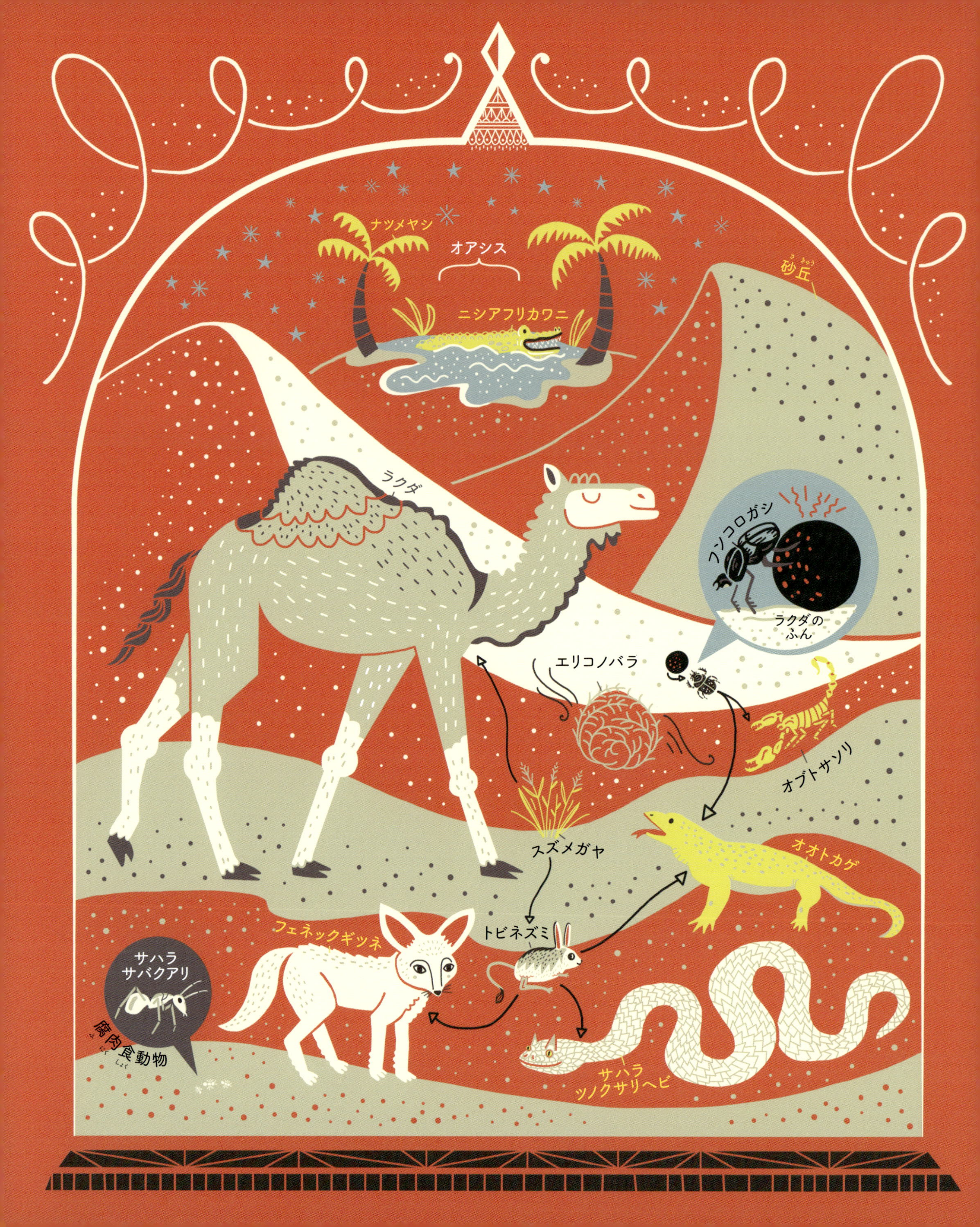
ナツメヤシ
オアシス
砂丘
ニシアフリカワニ
ラクダ
フンコロガシ
ラクダのふん
エリコノバラ
オブトサソリ
スズメガヤ
オオトカゲ
フェネックギツネ
トビネズミ
サハラサバクアリ
腐肉食動物
サハラツノクサリヘビ

生態系を知ろう

サハラ砂漠

かつて北アフリカに生命があふれ、森や湖、広々した草原を歩き回る動物たちでいっぱいだったときがありました。今、北アフリカは大陸全体の3分の1にもおよぶサハラ砂漠に占領されています。サハラ砂漠では年に1、2回しか雨が降らず、その水はたちまち蒸発して空中にもどってしまいます。砂丘と乾燥してひび割れた岩石の散らばったサハラは広く、暑く、そして危険なところです。この厳しい環境に適応したわずかな動物は爬虫類、昆虫、齧歯目などで、ほとんどが夜行性で常に太陽を避けるように地下に暮らしています。サハラサバクアリはサハラ砂漠の日中の暑さの中で生き残ることのできる唯一の動物ですが、耐えられるのはたった10分間で、暑さのために生きたまま焼かれてしまいます。

多くの科学者たちは、このかつて青々としていた地域は、6,000年以上前に地軸の傾きにわずかな変化があって、砂漠になったと考えています。この変化によって太陽がアフリカを照らす角度が変わり、気温が上がって土地が干上がってしまったのです。気候の変化は急激で多くの動植物は生き残れませんでした。水分を作り出す植物がなく、砂漠はアメリカ合衆国の面積に匹敵するまで広がり続けました。今そこに残っているものは石化した樹木、石の人工物、かつて北アフリカに動物が活動していたことを示す古い石の彫刻などです。昔の湖が取り残されたわずかなオアシスもあります。しかし土を作り出す植物も動物もいないので、砂漠は広がり続け、乾燥と、管理できていないことで一層悪化しています。保護団体の人々はこの地域の砂漠がこれ以上拡大しないように協力し合っています。

恩恵

オアシスがあるので、隊商の人々はサハラ砂漠を横切ることができ、ツバメのような渡り鳥は水と食料にありつけます。

サハラにはリンや鉄鉱石のような鉱物が豊富で、採掘されて世界中に輸出されています。世界最大の湖のあったところには、今も乾燥した藻類や栄養となる鉱物が堆積しています。これらは南アメリカまで風で飛ばされて、アマゾン熱帯雨林の肥沃化に役立っているのです。

「エリコノバラ」と呼ばれる復活植物は、枯れた草のように風に吹かれて地面を転がりながら何年も休み続ける。十分な水を与えると植物は広がって、再び乾燥してしまう前にたねを放出する。

サハラ砂漠のオアシスは、砂漠の真ん中でヤシの木やシダ類、魚やワニさえも養っている。

「砂漠の船」と呼ばれるラクダは、1か月も水を飲まずに進み続けることができるが、井戸やオアシスへ案内する人がいなければ砂漠で生きのびることはできない。

砂丘なだれが起きると、ハミングのような音が10kmも離れたところまで聞こえる。

脅威

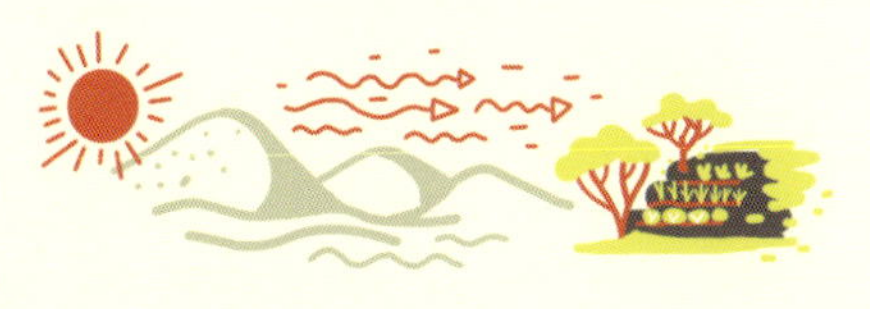

砂漠化とその結果としてのサハラ砂漠の拡大は周辺の地域にとって終わりのない脅威です。砂漠から草原へ移り変わる地域であるサヘルでは、国家、研究者、地元の農民たちがその拡大を遅らせようと努力しています。彼らは地元固有の土地管理技術を使い、作物の間に木を植えて、土中の水を保つようなネットワークを作ろうとしています。これは砂漠の広がりを阻止するための自然の壁となります。地元では木を倒さずに燃料や木材を使おうともしています。これはニジェールのザンデール渓谷で実行され、2004年にはこの50年で最も緑になったように見えました。この技術を広げていけばアフリカ中の砂漠の拡大を防ぐことができると考えられています。

オナガミツスイ
キング
プロテア
ヤマシマウマ
ケープ
アイリス
チャクマ
ヒヒ
草
ケープハイラックス
フリージア
ウジ虫
アガパンサス
ケープ
ペンギン
ベンゲラ
海流
ケープシロカツオドリ
アガラス
海流
ハラジロカマイルカ
イワシ
ニタリクジラ

生態系を知ろう

ケープ半島

アフリカ最南端の西ケープ州にある喜望峰では見わたす限り色とりどりの花が咲いています。世界の植物区系界の一つ、ケープ植物区系界は狭い地域ですが、8,500種類もの植物が見られます。2つのまったく異なる海流が出会ってできる気候のおかげで、このような生態系が実現しているのです。インド洋からの暖かいアガラス海流と大西洋からの冷たいベンゲラ海流です。ある地域の気候とそこに生きる動植物は海水の温度によって決まります。2つの異なる力強い海流が出会うと、多くのさまざまな種類の植物が同じところに育つ特別な気候を作り出します。ベンゲラ寒流はこの岬の荒れた低木地の上に冷たい霧を発生させます。一方でアガラス暖流は世界でも最強の海流の一つで、暖かい熱帯の水を運んできて、アフリカの南東海岸に夏の雨をもたらします。岬の多くの植物が、250種を超える鳥とヤマシマウマやチャクマヒヒなどの哺乳類の生命を支えています。

海流は多くの動物にとって海の道案内となります。南アフリカの岬の片側に暖かい水、反対側に冷たい水があって、世界中から集まるさまざまな海の生き物を養っています。魚が多いということは海の捕食者にとって食べ物が多いということです。魚の種類が多いので、世界でも最大数のホオジロザメが集まり、おいしい食事を横取りしようとする何千頭ものイルカの大群が現れます。このような2つの海流がなければ、アフリカ南端の岬は現在知られているような生物多様性、あるいは美しさを備えることはなかったでしょう。

*植物区系界…世界各地の植物相を特徴ごとに地理的に分類したもの

恩恵

ケープ半島はその驚くべき生物多様性ゆえに、ユネスコの世界自然遺産に指定されています。海流は多くの生命を運んでくるので、海の大型捕食者たちの重要な移動ルートになっています。この地域は南アフリカの人々の重要な商業的漁業の資源でもあります。

世界は6つの植物区系界に分けられている。喜望峰には植物の種が多いため、そこだけで1つの植物区系界とされているが、ほぼ大陸程度の面積である他の5つに比べて極端に狭く、南アフリカの国土の6%ほどしかない。

ケープ地方の海岸にはベンゲラ寒流にのったイワシの大きな群れがやってきて、アガラス海流の暖かい水を避けようとして2つの海流の間に捕まってしまう。クジラやサメ、イルカや海鳥、そしてアザラシは餌を求めてこのイワシの群れに大騒ぎで集まってくる。

ベンゲラ海流の冷えた空気が必要なのはケープペンギン。

大西洋の夜の冷気を避けるために花の中で眠るコガネムシの仲間もいる。

脅威

ケープタウンは南アフリカ第2の都市ですが、都会の人口の増加とともにダムの建設が増え、自然な水の流れが乱されて野生生物を脅かしています。この地域の植物の1,700種以上が絶滅の危機に瀕し、26種の花がすでに絶滅しました。この地域を守るために保護団体は地元政府と共にテーブル・マウンテン国立公園を設立しエコツーリズムを推進しています。

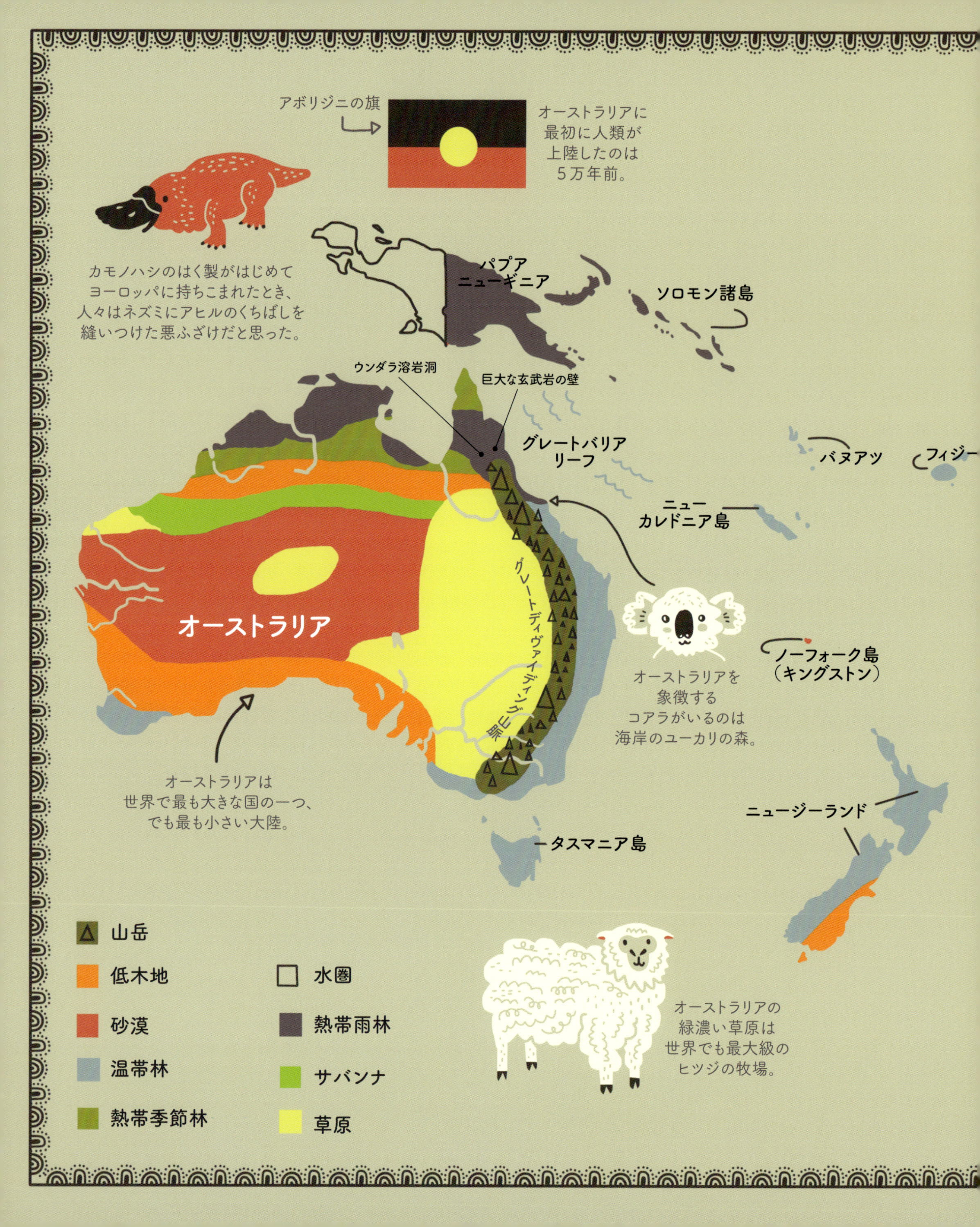

アボリジニの旗
オーストラリアに
最初に人類が
上陸したのは
5万年前。
カモノハシのはく製がはじめて
ヨーロッパに持ちこまれたとき、
人々はネズミにアヒルのくちばしを
縫いつけた悪ふざけだと思った。
パプア
ニューギニア
ソロモン諸島
ウンダラ溶岩洞
巨大な玄武岩の壁
グレートバリア
リーフ
バヌアツ
フィジー
ニュー
カレドニア島
オーストラリア
グレートディヴァイディング山脈
オーストラリアを
象徴する
コアラがいるのは
海岸のユーカリの森。
ノーフォーク島
（キングストン）
オーストラリアは
世界で最も大きな国の一つ、
でも最も小さい大陸。
ニュージーランド
タスマニア島
山岳
低木地
砂漠
温帯林
熱帯季節林
水圏
熱帯雨林
サバンナ
草原
オーストラリアの
緑濃い草原は
世界でも最大級の
ヒツジの牧場。

オーストラレイシア

オーストラレイシアはオーストラリア大陸と周辺の南太平洋の島々の総称です。西パプアからハワイまで広がる、「オセアニア」と呼ばれるもう少し大きな政治的、地理学的な地域の一部にあたります。この地域最大のオーストラリア大陸は「最後の大陸」、「最古の大陸」、「最後のフロンティア」などと呼ばれてきました。

この大陸は実際には世界最古ではありませんが、孤立しているので起伏の多い美しい風景のほとんどは人の手が加えられていませんでした。5,000万年間、オーストラリア大陸の動植物は世界の他の大陸とは離れていたのです。一つの島のように広大な海に囲まれているので、野生生物の進化も相互の競争もまったく独特のものでした。オーストラリアにだけ卵生の哺乳類がいます。アヒルのようなくちばしのあるカモノハシと4種類のハリモグラです。カンガルーやコアラのような有袋動物がたくさんいます。他の哺乳類とは違って、有袋動物は発育中の胎児を体内で育てずに外側の袋で育てます。鋭い爪と頭のてっぺんの皮膚におおわれた突起でヴェロキラプトルを思い出すという人も多いカラフルで恐竜のようなヒクイドリなど、奇妙な姿の鳥や面白い鳥もたくさんいます。

オーストラリアは世界最大の手つかずのサバンナを含む、ほとんど人の住まない未開の土地があることでも有名です。しかし、オーストラリアには青々と茂った海岸の林とサンゴ礁もあります。1788年にヨーロッパ人によるオーストラリアの植民地化が始まったとき、大陸の大規模な森林破壊も始まりました。オーストラリアでは自生の森の伐採が続いていますが、コアラのような固有の動物の多くはそのような開発には耐えられません。保護団体と生態学者たちはオーストラリアの独特の自然と環境を守ろうと懸命に努力しています。

頂点の捕食者
オナガイヌワシ
アカカンガルー
エミュー
草
ジョーイ
バンディクート
ディンゴ
シロアリ
エリマキトカゲ
キビタイヒスイ
インコ
ワラビー
メガルカヤ
シロアリの塚
草のたね

生態系を知ろう

オーストラリアのサバンナ

世界最大の手つかずのサバンナはオーストラリア大陸の北部にあります。このサバンナは、大陸の大きな部分を占める広大な未開発地域の一部ですが、住んでいるのは2,400万人の全人口のおよそ5%に過ぎません。青々とした草原は6つの異なる区域からできていて世界でも珍しい自然を見ることができます。

オーストラリアは海によって他の大陸とは離れているので、孤立した野生生物が独自の進化をとげました。アカカンガルーやワラビーのような有袋動物の赤ちゃんは母親の体の外側の袋に入ってくっついています。母親がサバンナで草を食べている間、赤ちゃんは小さな頭をのぞかせて外を見ているかもしれません。コンパスシロアリは草を使って人の背丈ほどもある巨大なアリ塚を作りますが、不思議なことにそれらは全て正確に南北に向いています。オーストラリアで最もよく知られた動物の一つは大きな飛べない鳥エミューです。他の多くの鳥よりははるかに祖先の恐竜に似ています。身長は1.8m、捕食者に向かって大声を上げ、草原を時速48kmで走り回ります。このサバンナは「グローバルな生態系」と名づけられています。それは地球規模の生物多様性に関する知識を得られるからです。

恩恵

世界中の草原は牧草地や農地になっています。地球全体の草原の約70%が人によって開発されていますが、オーストラリアの熱帯サバンナにはほとんど手がつけられていません。この草原の肥沃な土は農地とオーストラリア最大のウシの牧草地になっています。サバンナには豊かな伝統文化と土地の管理を守り続けているアボリジニ[オーストラリア原住民]の社会もあります。サバンナに住む人々はその土地中心の生活をしています。

大昔の溶岩流が、巨大な玄武岩の壁やウンダラ溶岩洞の迷路を造った。

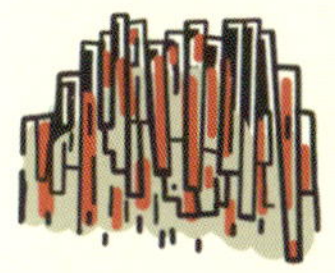

世界で最も美しい鳥の一つと考えられているのはオーストラリアのサバンナに住むコキンチョウ。

ディンゴは野生のオーストラリア犬で、ウサギ、ワラビー、そしてカンガルーさえも襲う。

カンガルーの群れは「モッブ」と呼ばれる。雌カンガルーは「フライヤー」、雄は「ブーマー」、子どもは「ジョーイ」。

何百万年も前、エミューの祖先は実際に飛べた。恐竜が絶滅して捕食者がいなくなると彼らは餌の食べ放題。そして何世代かの進化の後、すっかり体が大きくなって飛べなくなったと考えられている。

脅威

過剰な放牧やイギリスから持ちこまれたアナウサギのような侵略者によって草原は荒らされます。しかし、オーストラリアのサバンナにとって最大の脅威は地球温暖化です。他の地域の草原と同じようにこのサバンナでも自然の野火が適度に発生することが必要です。気温の上昇によって乾季が長引き、乾季が長くなればなるほど草は乾燥し、野火の拡大の原因となります。季節外れの、コントロールできないほどの大きな自然火災は世界中の草原や低木地にとって脅威です。保護団体の人々はアボリジニの人々とともに季節外れの火を出さないように土地を管理しようとしています。

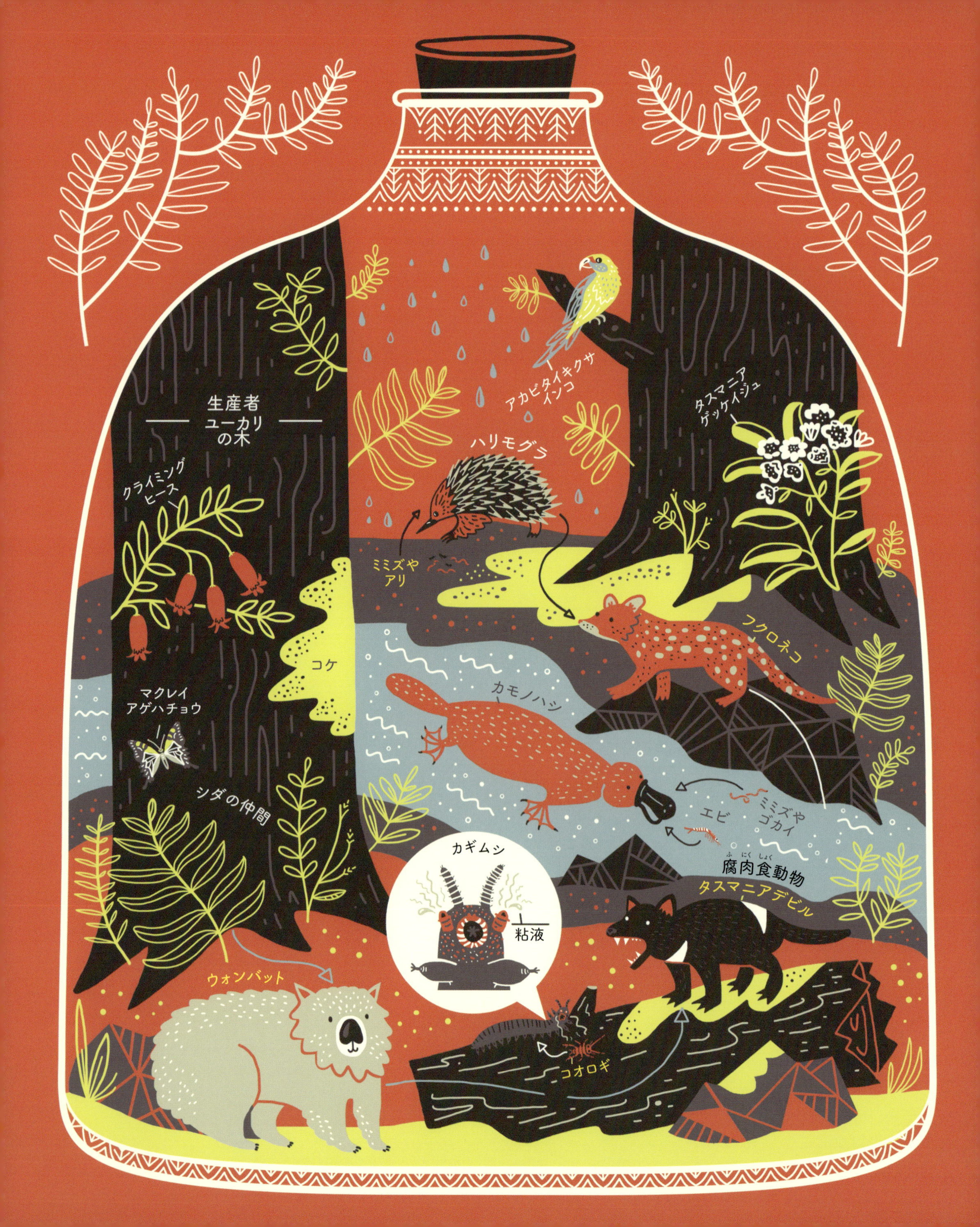

生産者
ユーカリの木
クライミングヒース
アカビタイキクサインコ
タスマニアゲッケイジュ
ハリモグラ
ミミズやアリ
コケ
フクロネコ
マクレイアゲハチョウ
カモノハシ
シダの仲間
エビ
ミミズやゴカイ
腐肉食動物
タスマニアデビル
カギムシ
粘液
ウォンバット
コオロギ

生態系を知ろう

タスマニアの温帯雨林

およそ1億8千万年前、超大陸パンゲアが分裂してできたゴンドワナと呼ばれた大陸には恐竜が君臨していました。時が経ち、ゴンドワナは再び分裂して、南半球のオーストラリアと南アメリカ、アフリカ、南極などの大陸および島々となりました。恐竜と共に生きていた多くの木々、コケ、無脊椎動物たちが「生きている化石」として今もタスマニアの森で見られます。過去の時代との特異な関係に注目されて、タスマニア温帯雨林はユネスコの世界遺産の一部となっています。

タスマニア州はオーストラリアの小さな島ですが、その狭さにもかかわらず、島には8つの異なるバイオームがあります。タスマニアの約10%は静かで冷たい雨林です。そこは太古のゴンドワナの自然が、世界で最も変わらずに残っているところの一つです。花や木の多くは、珍しいキングスロマティアの低木のように6,000万年以上もタスマニアに生息しています。ここではユーカリは90mにもなり、アメリカのセコイアと競うほどです。やわらかな緑のコケが森の地面をおおい、サンゴのような青や赤のキノコが点在しています。

雨林には地上の昆虫の出現に先行して3億年間もカギムシのような無脊椎動物が住んでいました。カギムシはオオカミのように群れをなして獲物を狙い、ねばねばした液を顔から噴射して捕えます。タスマニアには、アカハラヤブワラビーのような最高にふわふわで最高に可愛らしい（小さなカンガルーのような）有袋動物もいます。そしてもちろん有名なタスマニアデビルも。タスマニアの温帯雨林には、まだ発見されていない種もたくさんあり、いまだに新種の生物が発見されて命名されています。

恩恵

タスマニア温帯雨林の大きくて密集した木々はその地域に酸素と水分を供給しています。黄金色の木材となるラガロストロボス属の木［ヒューオンパインと呼ばれる］や養蜂家が特別な蜂蜜をとるレザーウッドなどの自然資源もあります。

ウォンバットは雨林の中の小川のそばに家を作り、さいころのようなフンをすることで有名。

タスマニアタイガーとしても知られるフクロオオカミは400万年前から存在した最大の肉食有袋動物。家畜を狙われるとおそれた人間によって、不運にも1930年代に絶滅させられた。

タスマニアの20%がユネスコの世界遺産で、そこには19の国立公園あるいは保護区がある。

タスマニアデビルという名前は、高い悲鳴や唸るような声から。

脅威

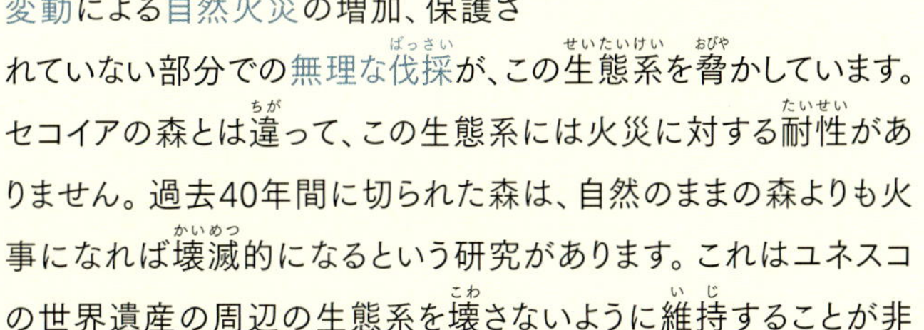

タスマニアの温帯雨林のほとんどは保護されていますが、気候変動による自然火災の増加、保護されていない部分での無理な伐採が、この生態系を脅かしています。セコイアの森とは違って、この生態系には火災に対する耐性がありません。過去40年間に切られた森は、自然のままの森よりも火事になれば壊滅的になるという研究があります。これはユネスコの世界遺産の周辺の生態系を壊さないように維持することが非常に重要であることを意味しています。

頂点の捕食者
シュモクザメ
アカエイ
アオウミガメ
軟質サンゴ
タツノオトシゴ
アミ
オオアカホシサンゴガニ
クマノミ
スジアラ
ブダイ
イソギンチャク
藻類
ナンヨウハギ
サンゴのポリプ
触手
褐虫藻
口
基盤
骨格
タコ
ノウサンゴ
オニヒトデ
ウニ
造礁サンゴ

生態系を知ろう

グレートバリアリーフ

オーストラリアの東海岸の沖、青緑色の水の中に世界最大の生きた構造物、グレートバリアリーフがあります。3,000を超えるサンゴ礁やサンゴ島が全長2,300km、日本列島ほどの面積にあって、一つの美しいサンゴ礁地帯となっています。サンゴ礁は目もくらむような水中の林に見えますが、実は何千ものサンゴのポリプと呼ばれる小さな動物でできています。ポリプは透明で、夜行性で、小さな触手のあるやわらかい生き物です。さらにポリプはサンゴ礁の固い骨組みを作るために炭酸カルシウムを分泌します。

サンゴのポリプは、食料を供給する褐虫藻と呼ばれるミクロな藻のような生物と共生関係を保っています。この生物はポリプの中に住んで光合成をしています。褐虫藻を通してサンゴはエネルギー、酸素、基本的な栄養を得ています。このようなミクロの世界の不思議がサンゴ礁に独特の美しい色を与えているのです。

グレートバリアリーフは、トンネルやタワーなど形も大きさもさまざまな600以上の異なる種類のサンゴでできています。これらの隙間や割れ目は全て、多くの海の植物や動物の快適な住まいとなっています。熱帯魚の群れ、タツノオトシゴ、アカエイ、サメ、クジラ、さらには上空を飛ぶ海鳥もみんなグレートバリアリーフの恩恵を受けていて、世界中の海で最も生物が多様な生態系となっています。事実、世界中のサンゴ礁は海の生態系の0.1%の規模しかありませんが、地球の海の生命の25%を支えています。

恩恵

サンゴ礁は何千もの動植物を支えているだけではなく、その生態学的な価値はおよそ17兆2千億円と見積もられています。サンゴ礁はオーストラリアを嵐やハリケーンから守る防護壁となり、またオーストラリア経済を促進する漁業や観光に役立っているのです。

グレートバリアリーフは2016年に最悪の白化[褐虫藻の減少]を記録し、2017年にもかなり大きな白化があった。

グレートバリアリーフは何千年も前に死んだサンゴが化石となった石灰岩の上にある。

褐虫藻の緑色と、きらきら輝くサンゴの色は蛍光性のたんぱく質色素によるもの。サンゴは太陽光を浴びると自分自身を守るためにその物質を作り出す(日焼け止めみたい!)。

グレートバリアリーフは宇宙からも見える。

サンゴ礁の海にいるオオシャコガイは200kgにもなり100年以上も生きる。

脅威

地球温暖化によって世界中のサンゴ礁で白化が進んでいます。海水温が上がると、サンゴの食料を供給している褐虫藻が大量の過酸化水素を放出します。そしてサンゴのポリプに、有毒化した褐虫藻を放出させるのです。褐虫藻がないとサンゴは幽霊のように白くなります。この過程を白化と呼んでいます。サンゴが餓死する前に水温が下がれば白化の過程から生還できます。今すぐに地球温暖化のペースを下げる行動をとれば、世界中のサンゴ礁を守るチャンスはまだあります。

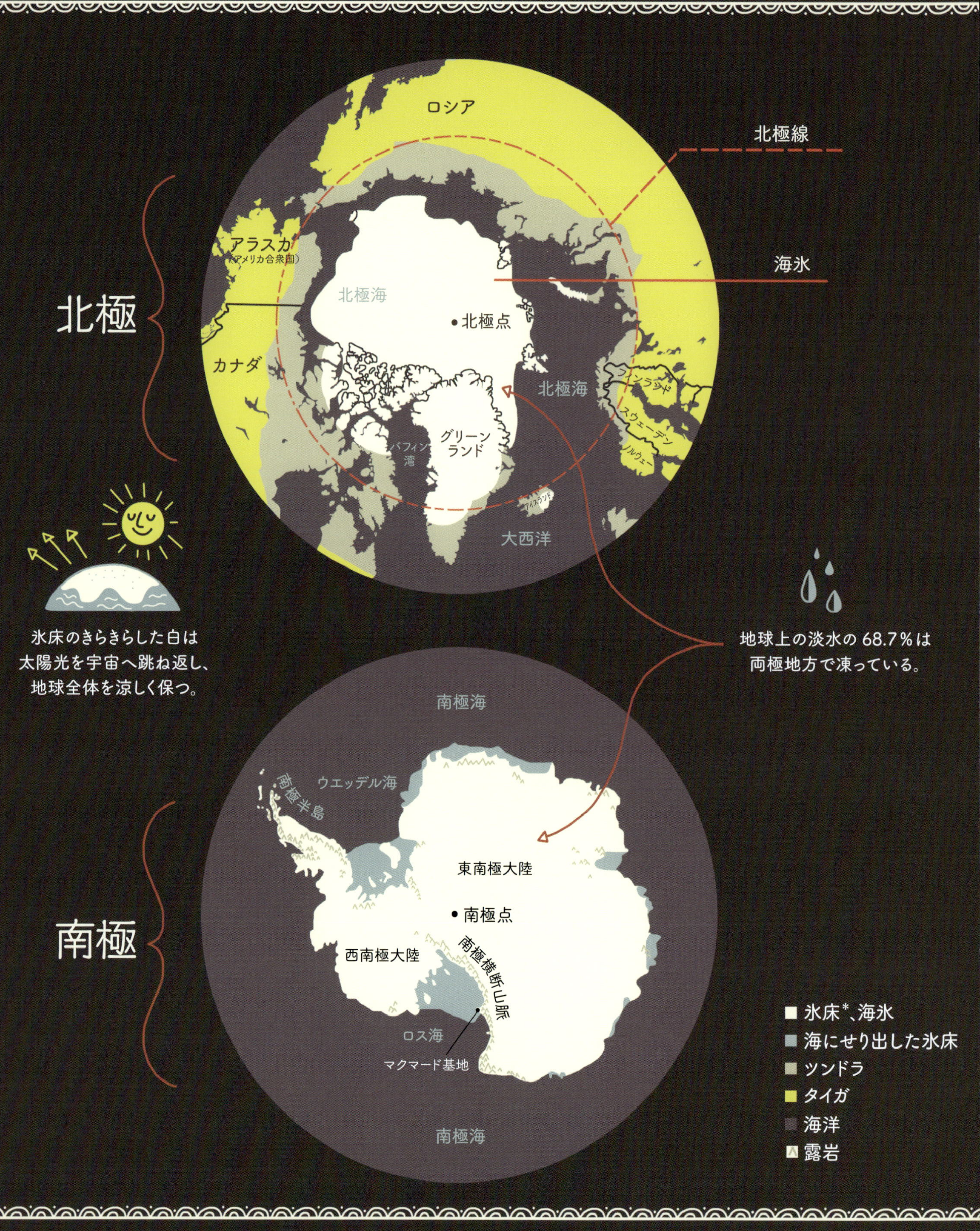
北極
ロシア
北極線
アラスカ
(アメリカ合衆国)
海氷
北極海
北極点
カナダ
北極海
フィンランド
スウェーデン
ノルウェー
バフィン湾
グリーンランド
大西洋
氷床のきらきらした白は
太陽光を宇宙へ跳ね返し、
地球全体を涼しく保つ。
地球上の淡水の68.7%は
両極地方で凍っている。
南極
南極海
ウエッデル海
南極半島
東南極大陸
南極点
西南極大陸
南極横断山脈
ロス海
マクマード基地
南極海
氷床*、海氷
海にせり出した氷床
ツンドラ
タイガ
海洋
露岩

極地方の氷床

北極と南極は地球の赤道からは最も遠く、地球上で最も寒いところです。どちらも一年の半分は暗闇が続きます。極地方の氷床にあたった太陽光はその白さによってほとんどが反射されます。このような極端な条件にもかかわらず、北極海や南極大陸のツンドラ ** には多くのたくましい野生生物がいます。

南極は海に囲まれた山の多い大陸ですが、北極は陸に囲まれた凍れる海です。したがって南極の気温は北極よりずっと低いのです。北極圏の海の水はその氷床の温度より暖かいので、北極の気温に影響しています。一方、南極大陸の平均標高はおよそ 2,300m です。岩盤をおおう氷床の厚さは現在、平均でおよそ 2,450m ですから、南極大陸の岩盤の多くは海面下にあります。標高があがれば、空気は冷たくなりますから、南極は高度のせいもあって世界一寒いところなのです。

地球温暖化は両極地方にも悪い影響を与えています。海が暖かくなれば北極の海氷は年々縮小し、南極の氷床のうち海中や海上に突き出ている部分は崩壊します。氷床が小さくなれば太陽光の反射は少なくなり、海はさらに太陽光を吸収するので海の温暖化が進みます。それまで極の大きな氷に閉じこめられていた淡水が海へ融け出して海面を引き上げます。これが地球全体の気候と海流に影響を与えると研究者は予想しています。この地球全体の変化をもっと学んで、地球の生態系の維持をめざすのは私たちの仕事です。

* 氷床…極地方や高い山に降り積もった雪が圧縮されて固まった氷の塊を氷河といい、地表をおおう面積の大きな氷河を氷床という。現在は南極氷床が最大。
** ツンドラ…永久凍土の上の樹木のない平原。草や地衣類がわずかに育つところもある。

頂点の捕食者
ホッキョクグマ
ホンケワタガモ
腐肉食動物
ホッキョクギツネ
アイスアルジー*
動物プランクトン
植物プランクトン
エビ
消費者
ホッキョクダラ
ワモンアザラシ
海氷の
融解
アイスアルジーの繁茂
セイウチ
生産者
イッカク
イカ
プランクトン
二枚貝
イガイ
底生動物
分解者
カニ

北極圏

地球の最北部は北極圏です。北極の氷の上をトラックで走ることはできますが、そこは陸ではありません。厚く凍った海の氷が真っ白い雪でおおわれているだけです。雪の白さはとてもまぶしく太陽光の80%を宇宙へ返してしまいます。大量の氷が一年中凍っているのですが、夏の間にいくらかは融け、北西航路が現れます。この海路は世界で最も人気のある貿易航路の一つでこれを利用する権利についての論争が多国間の緊張を高めています。

北極圏の冬は－50℃にも下がります(ブルブル……)。しかし冷たい気候にもかかわらず北極海とそれを囲む陸地には生き物がたくさんいます。海氷の上に住んで狩りをするホッキョクグマは北極のシンボルのような動物ですが、この最上位の捕食者はまさに食物網の頂点に君臨しています。海鳥からアシカまで、ホッキョクノウサギ、ツノメドリ、シャチなどきわめて多くの動物がいます。夏は茶色で、冬には雪に隠れるために白い毛皮につつまれるホッキョクギツネのように、生き残るためにカムフラージュを使うものもいます。一方でアザラシは成獣になると白から茶色に変わり暗い海の水にうまく隠れるようになります。

暖かい季節には、世界中から多くの動物が藻類や植物プランクトンを食べるために北極の海へ集まって来ます。食料から気候の制御まで、北極圏は地球全体の生命を絶やさないためのとても重要な資源に満ちています。

*アイスアルジー…海氷の底につく藻類。春に増殖し、オキアミなどの餌になる

恩恵

北極圏には海の生物がたくさんいます。そこにいる魚たちは他の動物の食料になるだけではなく人間の食料にもなります。世界中の人々が北極海でとれた魚を食べます。北極海には鉱物資源も豊富です。海底や周囲の凍った土地の下は世界最大級の油田で、地球上で未発見の天然ガスの30%があります。しかし最大の恩恵はきらきらした雪が太陽光を反射して地球を冷やし、地球の気候を安定にしていることです。

地表や雪が太陽光をどれだけ反射しているかの測度をアルベド[反射率]という。水面は10～20%、新雪は80%も反射する。雪による反射光はとても強くて蜃気楼のように見えることも。

コククジラは、藻類の最盛期にあわせてメキシコの暖かい海から北極海へと回遊し、ごちそうにありつく。

北極光と呼ばれる北半球でのオーロラは太陽風と地球の磁場との相互作用で発生する。

ホッキョクグマは、実は黒い皮膚と透明な毛皮におおわれている。体毛の中が空洞で、光を反射してまわりの雪と同じように真っ白に見える。

地軸が傾いているので、冬には北極では24時間暗い日々(極夜)が続き、夏には24時間太陽が出ている日々(白夜)が続く。

脅威

地球温暖化は世界でも最大の脅威の一つです。その影響は北極で最も顕著です。これまでは一年中凍っていた海の氷が小さくなってきたのです。地球の気温が上昇すると、何世紀もの間氷に閉じこめられていた淡水が海洋に融け出します。それによって海水面が上昇し、島や海岸沿いの都市を襲います。海氷が縮小すると地球の温度は上がります。有害な二酸化炭素の排出を止める行動をすぐにでもとらないと、私たちはいつか、小さくなる氷山に乗って海に浮かぶホッキョクグマの気持ちを実感することになるかもしれません。

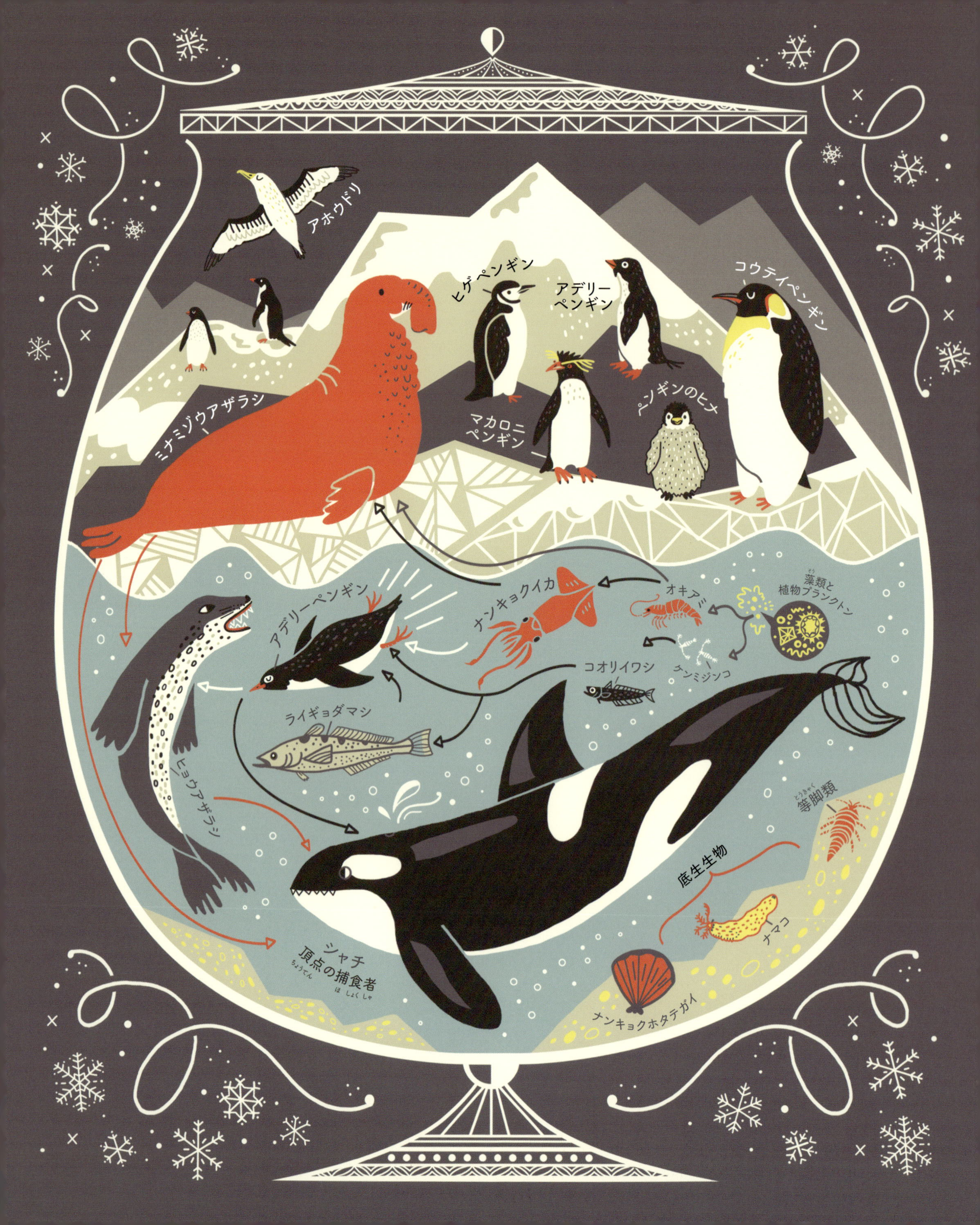
アホウドリ
ヒゲペンギン
アデリー
ペンギン
コウテイペンギン
ミナミゾウアザラシ
マカロニ
ペンギン
ペンギンのヒナ
アデリーペンギン
ナンキョクイカ
オキアミ
藻類と
植物プランクトン
ナンミジンコ
コオリイワシ
ライギョダマシ
ヒョウアザラシ
等脚類
底生生物
ナマコ
シャチ
頂点の捕食者
ナンキョクホタテガイ

南極のツンドラ

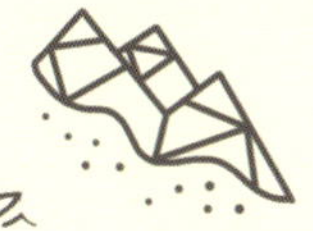

砂漠というと、乾燥して暑くて砂ぼこりが舞うところを想像するでしょう。しかし地球上で最も乾燥しているところは、最も寒いところでもあるのです。つまり地球最南端の南極大陸。この不毛の地は世界の果てと言われてきましたが、人間にとって住みよいところではない一方で、その海岸にはまわりの凍った海と季節の移り変わりに合わせてたくさんの生物が生活しています。

1億7千万年以上前、恐竜が住んでいたゴンドワナ大陸がさらに分裂してできた南極大陸は、何百万年もかかって極の方へ移動し、今日知られているような凍った大陸になりました。最近、研究者は南極大陸で太古の木の化石を発見しました。そこからわかったのは、100万年前には南極大陸には森があったということ、その木々は6か月も続くほとんど真っ暗な闇に耐えるように進化していたということです。化石と地下深くにある帯水層は古代の南極大陸の様子の一端を教えてくれます。

今では南極大陸といえばペンギンです。ふさふさしたブロンドの眉毛のおしゃれなマカロニペンギンから、大きくて堂々としたコウテイペンギンまで。この風変わりな飛べない鳥は海岸地域にたくさんいますが、彼らは南極大陸の複雑な食物網のごく一部に過ぎません。北極地方と同じように凍った藻類が南極大陸の食物網の出発点です。夏には氷が融けて植物プランクトンが最盛期を迎え、大量のオキアミの餌となります。オキアミが海鳥、アザラシ、そしてクジラを呼び寄せ、南極の海はにぎやかな食事の場となるのです。

南極大陸はどこの国のものでもなく永住している人もいません。旅行者と研究者だけが限られた期間をそこで過ごしています。世界でも最も手を加えられていない自然であり、南極点に初めて到達したロアール・アムンゼンはこの土地を「おとぎの国」と表現しました。

恩恵

北極と南極には共通点もたくさんあります。北極に繁茂する藻類のように、南極の藻類も海の動物の食物網の出発点になっています。そしてまた北極と同じように広大な白い表面が太陽光を反射し、熱を宇宙へ返し、地球の気候を制御しています。

アメリカ合衆国が設営したマクマード観測基地は、南極で最も「町」らしいところ。でもその住人は夏の間でも4,000人ほどの科学者だけ、冬にはさらに1,000人ほどに減ってしまう。

南極は平和と科学のためだけに利用され、ここでの全ての発見は誰でも自由に利用できるとする南極条約が1959年に調印された。現在53か国が条約を締結している。

南極大陸全体の岩の上にコケが育っているが、花の咲く植物は大陸全体でも3種類、ナンキョクミドリナデシコ、ナンキョクコメススキ、外来の一年生植物のスズメノカタビラしかない。

東南極大陸には600万羽以上のアデリーペンギンがいるらしい。

1950年以来、南極半島は10年ごとに0.5℃ずつ気温が上がっている。これは地球全体の気温上昇の平均よりもかなり速い。

脅威

南極に永住している人はいませんが、それでも人々は今もその生態系に影響を与えています。地球温暖化によって南極の氷床のうち海へ突き出た部分や縁の部分が融けます。2017年には約6,000km²の部分が崩壊し、これまで記録された中で最大の氷山となって海に浮かび、融けつつあります。氷が壊れると突き出た部分や縁は不安定になります。もし南極大陸のおよそ1,400万km²もの氷が全部融けたら、海面は60m上がり、世界中の海岸で土地の水没が起きるだろうと科学者たちは予測しています。

世界の水圏

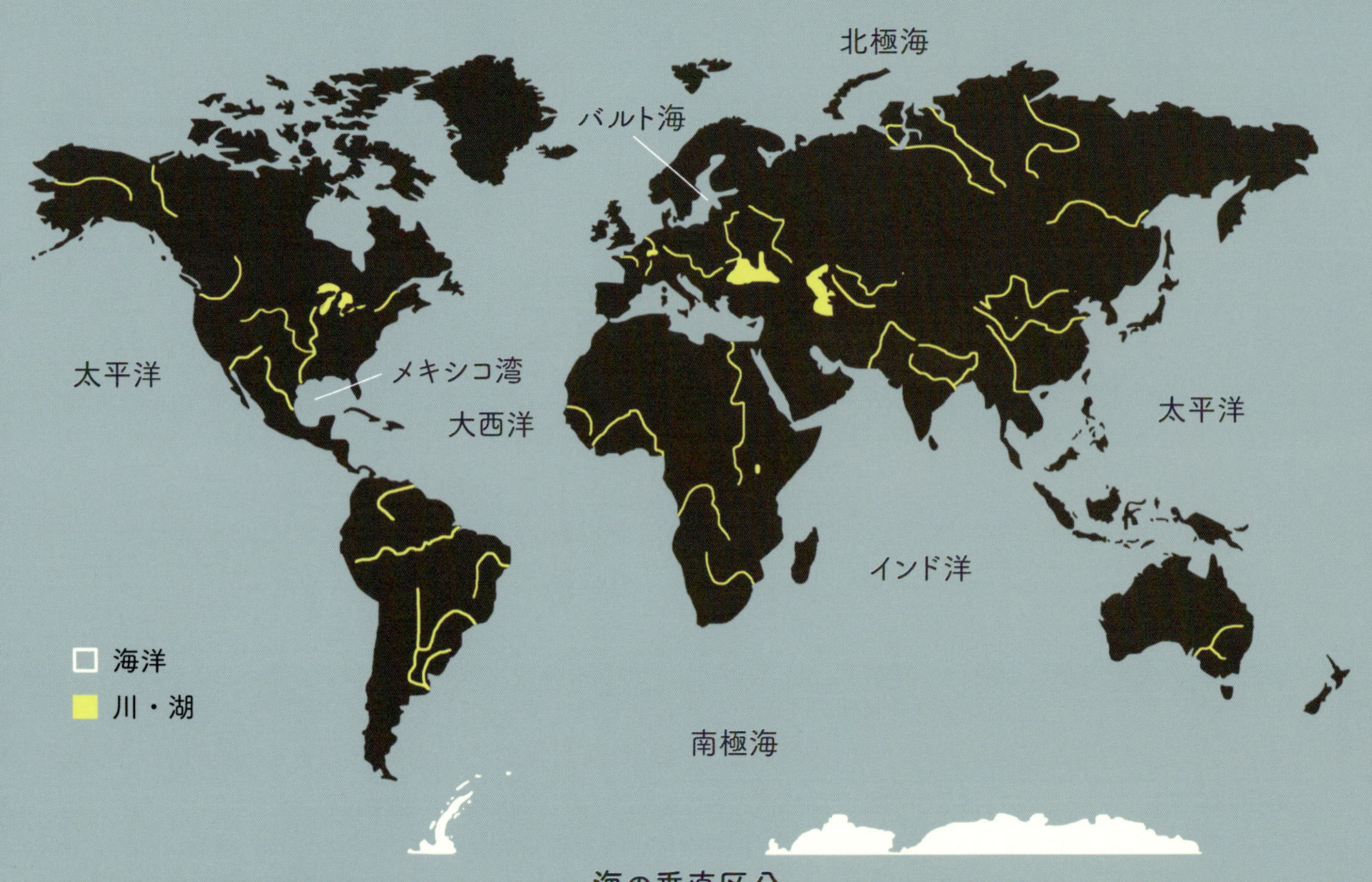

海の垂直区分

水圏の生態系

あなたは高いビルの上や橋の上からつばを吐いたことがあるでしょうか？　悲しい映画を見て泣いたことは？　暑い日に冷たい水を飲んだことはもちろんあるでしょう。人間は、地球上のあらゆる動植物と同じように、たえず水を飲み、そして排出します。人体の60％は水です。太古の地球の原始時代の水、そこから最初の単細胞の生物が進化を始めました。生きとし生けるものは全て地球の生態系を通して水の循環のお世話になっています。水がなさそうなところでも動植物はわずかな雨を待ち、地下水を探し、植物を食べて渇きを癒します。海洋生物学者シルビア・アールは「たとえ、海を見たことも触ったこともないとしても、あなたが一息吸いこみ、一口飲み、一口食べるたびに海はあなたに触れています。だれでも、どこにいても、海との関係を断ち切ることはできないのです」と言っています。

水圏生態系が地球全体で最も大切で生産的な資源であることはまちがいありません。海の生命の恩恵を地球全体が受けています。地球の食物網のかなりの部分は海の魚や動植物が作り上げています。しかし、水圏生態系における植物は、単に食べ物であるだけではなく、地球大気中の酸素の半分以上を作ってもいます。海から蒸発する水は地上で最も乾燥したところにも雨となって降ります。私たちは海なしでは絶対に生きていけません。

海、湖、そして池の水圏生態系は果てることのない資源のように見えるかもしれませんが、この世界はあなたが考えているよりずっと小さいのです。人口の増加にともなって汚染や魚の乱獲で大切な生態系の多くが破壊されつつあります。世界中を巡っている水がこの地球上の生命を維持しているのですから、水を守ることは私たちにとって最優先の課題の一つです。

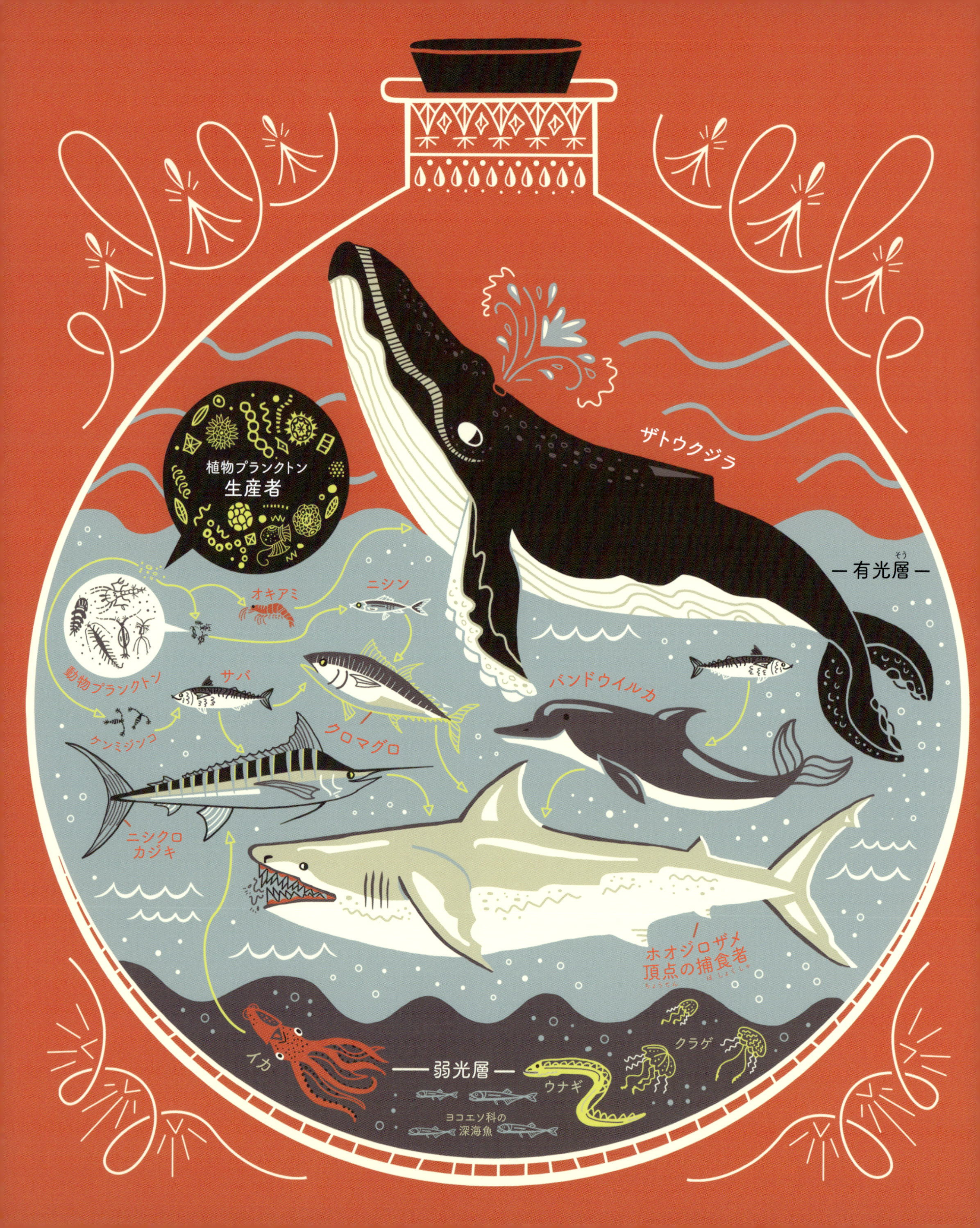

ザトウクジラ
植物プランクトン
生産者
有光層
オキアミ
ニシン
動物プランクトン
サバ
ケンミジンコ
クロマグロ
バンドウイルカ
ニシクロ
カジキ
ホオジロザメ
頂点の捕食者
イカ
弱光層
ウナギ
クラゲ
ヨコエソ科の
深海魚

生態系を知ろう

外洋

海の開水域*は「大きな青い砂漠」と呼ばれてきました。海岸付近のにぎわいの向こうには、地球表面の70％を超える外洋が広がっています。広々とした開水域は地球上でいちばん大きな面積を占めていますが、そこに住んでいるのは海の生物の10％ほどです。死んだ生物は海の底に沈んで分解されるので、外洋には栄養塩は多くないのです。水面では植物プランクトンやミクロな藻類が光合成に精を出して酸素を作っています。植物プランクトンは海の食物網全体の出発点です。時には湧昇**、あるいは嵐が海底から栄養塩をすくいあげ、その結果、藻類が大繁殖して海の動物には大ごちそうとなります。

外洋を住みかとする動物は、力が強く、スピードがなくてはなりません。彼らは海のこちら側からあちら側まで食べ物や結婚相手を求めて移動します。クジラ、イルカ、ウミガメのような強い泳ぎ手たちは水面下の川のような海流をわたって行くのです。海表面のさらに下は、わずかに光のある「弱光層」で、そこでは動物たちは目立ちにくい姿に進化しています。ここに住んでいる昼行性の動物は、植物を食べたり、死んだ動物を食べたりするために海面にやってきます。夜は弱光層の捕食者たちが海面に泳いで行き、生物発光や蛍光性の目印でおびきよせた獲物を狩ります。

海は尽きることがないように見えるかもしれませんが、決してその資源は無尽蔵ではありません。未来のために維持したいと願うならば、責任を持って引き継がなくてはなりません。

*開水域…陸地に囲まれず氷にもおおわれていない広い水域

**湧昇…海洋や大きな湖で、冷たい深層の水が上昇して表面に運ばれる現象

恩恵

広い海は、地球全体の拍動する心臓です。深い青い海は、地球を照らす太陽光の半分以上を吸収し、それによる海水の蒸発は世界中に淡水を配るべく雨を降らせるのに必要なのです。寒流と暖流があることによって世界中の天候のパターンや気候がコントロールされています。なによりも重要なことは、大気中の酸素の半分以上を生産する植物プランクトンが海面で生きているということです。

クロマグロはスポーツカーのように加速し、最高時速は75km！

外洋の甲殻類やイカは透明な体で環境に溶けこんでカムフラージュしている。

太平洋ごみベルトは、海に投棄されたごみの集まる場所（面積約70万km²）でこれは海のあちこちにある「ごみの渦」の一つ。アメリカと日本の間の海流がごみを一か所に集めてしまう。

遠洋を泳ぐ魚や動物の多くは一生陸に近寄ることがない。

脅威

生活排水や過剰に使用された化学肥料が海に流入して藻類の異常繁殖を引き起こし、水の停滞しやすいメキシコ湾やバルト海などでは「無酸素水域（デッドゾーン）」が発生しています。

ごみの投棄や魚の乱獲も大きな問題です。現在のところ、私たちは海がまかなえる量の2倍も獲っています。世界の漁場のおよそ32％は過剰に開発されて魚が枯渇しつつあります。しかし海に保護地域を作り、ごみの管理を改善し、持続可能な漁業をすることでこの状況を変えることができるでしょう。

チョウチンアンコウ
ジュウモンジダコ
カグラザメ
火山性
熱水噴出孔
デメニギス
ワニトカゲギス
コウモリダコ
細菌
と
古細菌
ガラパゴス
ハオリムシ
熱水性
イガイ
深海性ゲンゲ
熱水性タコ
ユノハナガニ
マリアナ
イトエラゴカイ
深海性ケヤリムシ

生態系を知ろう

深海

海面にいるときと比べて、400倍も空気が重いところを想像してみてください。太陽の光はなく、とがった歯、大きな目、体の光る奇妙な生き物が暗やみの中に浮かんでいます。これはSFの世界のようですが、地球上に本当にあるのです、何千mもの深い海に。海の表面から4,000mも下の「深海層」には太陽光は届きません。水が深くなれば水の重さによって水圧が大きくなります。特別な装置や潜水艇がなければこの強烈な圧力につぶされないようにすることはできません。だから深海は最もわかっていない領域の一つです。

植物は光合成のために太陽光を必要とし、たいていの食物網の出発点になっています。したがって昔の科学者は、深海には太陽光が届かないので生物がいるはずはないと考えていました。しかし実際に深海を調査した研究者はそこで多くの生物を発見しました。海底の熱水噴出孔*では鉄や亜鉛、メタンなどを含む熱水が吹きだされています。その周辺に住む微生物は、化学合成と呼ばれる方法でこれらの物質を有機物に変えることができます。この深さにいる動物は深海の暗やみ、冷たい水、そして大きな水圧に耐えるように進化しました。噴出孔周辺の微生物から栄養を得たガラパゴスハオリムシやケヤリムシがその付近にいるユノハナガニの餌となります。深海にはほかにも、ラブカ（別名ウナギザメ。「生きた化石」といわれる）、体に発光器を持つホウライエソや、体に対する目の大きさが最大の動物であるコウモリダコなど、多くの奇妙な動物がいます。ソコダラ科の魚やヨコエビ類と呼ばれる甲殻類などの海の腐肉食動物は、死んで海底に沈んだ動物を食べて分解します。地球の深いところで発見を待っているものがまだたくさんあります。

*熱水噴出孔…地熱で熱せられた水が噴出する割れ目のこと。陸上では温泉や間欠泉である。深海底では水圧が高いため熱水の温度は300℃にも達する

恩恵

海底では地上のどこよりも多くの火山が噴火しています。深海底の火山は地球内部の熱エネルギーを世界中に拡散させたり、島ができたり地表面が絶えず変化したりする原因となっています。

海水面の大気圧は1気圧、水深が10m深くなるごとに海中の水圧は1気圧ずつ大きくなる。水深4,000m以上の深海底では400気圧以上、最も深い海では1,000気圧を超える。

日本付近の深海に生息するタカアシガニは地球最大の節足動物と考えられている。

深海底の煙突のような噴出孔（チムニー）からはき出される黒い煙は金属の硫化物、白い煙はバリウムやカルシウムの化合物らしい。

最も深い海としてわかっているのは水深1万994mのマリアナ海溝。

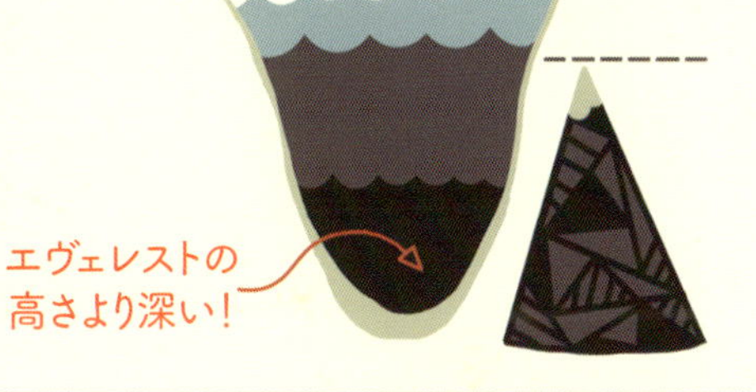

火山活動が休みなく続いているということは、海底は絶えず形を変えているということ。

脅威

乱獲や破壊的な行為は海を荒らし、その影響は深海にまでおよびます。底引き網漁業は、網が海底を無差別に踏みつぶすような方法です。無責任にも、深海のサンゴを破壊したり、自分たちが食べるわけではない魚を殺したりして、生態系全体に打撃を与えます。深海には規制がなく乱獲はしたい放題。商業的な深海漁業は魚が産卵場所で再生産を果たす前に獲ってしまいます。これは長い目で見れば人類のための魚が減ってしまうということです。

水源
ミサゴ
ヘラジカ
氾濫原
河道
支流
水生植物
カワウソ
プランクトンや藻類
河岸
アメリカオシドリ
落葉やドングリ
クワイ
ザリガニ
ブルーギル
動物プランクトン
トンボ
小魚
カエル
小魚
カゲロウ
三角州
海洋
ニジマス
フラットヘッドキャットフィッシュ
分解者
地下水
河口域

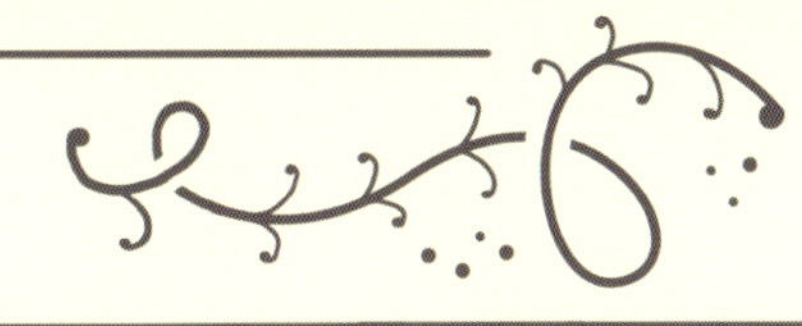

生態系を知ろう

河川

海が私たちの地球の心臓だとすれば川はその静脈と動脈です。地上のほとんどの生物にとって淡水は極めて重要で、大小の河川による大規模なネットワークはこの重要な資源を世界の隅々にまで運んでいるのです。川は雨水の集まるさまざまな場所で始まります。たとえば氷河、雪をいただく山頂、あるいは地下の泉など。簡単に近づける淡水である湖や湿地などからもあふれた水が集まって川となって流れ始めます。川は分かれたり出合ったりしながら流れていきます。

人間は川から与えられる自然の資源を頼りに、水とその動きを道具として使うために工夫してきました。ダムや運河、農業のための灌漑装置を作りました。川は人類の歴史を通して、輸送や貿易、探検の手段でした。ほとんどの大都市は川の近くに建設されています。ナイル川の近くに文明を築いた古代エジプトのファラオから、長江の三角州に繁栄した明王朝、テムズ川に沿った現代のロンドンまで、川は世界中で多くの人々を集めたのです。

恩恵

川は生態系全体に淡水を供給します。世界中の人も動物も水と食べ物を川に頼っています。人類の歴史が始まって以来、川の水は農作物を育てるために使われてきました。川は同時にエネルギーの源でもあって、流れている水の運動エネルギーはあとで使うために貯えることができます。陸地を流れ下る途中で川は栄養の含まれた鉱物を集めて海にたどり着き、その生態系にも栄養を与えます。

川の水はたいてい表面よりも下の方を流れていて、見かけよりずっと強く速いことがある。

アメリカ合衆国内で最長のミシシッピ川は現代でも重要な輸送ルート。

中国最長の川である長江はジャイアントパンダやソデグロヅルの飲み水。

川の動物のほとんどは淡水だけで生息するが、サケのように成体は海に住み、産卵のために淡水の川をさかのぼってくるという例外もある。

脅威

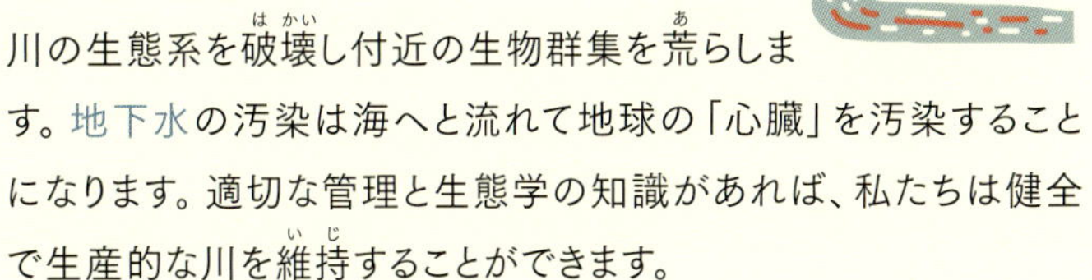

川の生態系が健全であれば自然に洪水や侵食が起こります。変な建造物ができて自然の洪水が阻害されると、さらに壊滅的な洪水が起こることがあります。川の汚染や乱獲は川の生態系を破壊し付近の生物群集を荒らします。地下水の汚染は海へと流れて地球の「心臓」を汚染することになります。適切な管理と生態学の知識があれば、私たちは健全で生産的な川を維持することができます。

オオハシ
ハジロ
オオアオサギ
スイレン
ガマ
プランクトン
や藻類
動物プランクトン
ミジンコ
カミツキガメ
セキショウモ
ユスリカの幼虫
コクチバス
レイクトラウト
アミ
イエローパーチ
二枚貝
カタツムリ
カジカの仲間
分解者
堆積物

生態系を知ろう

湖沼

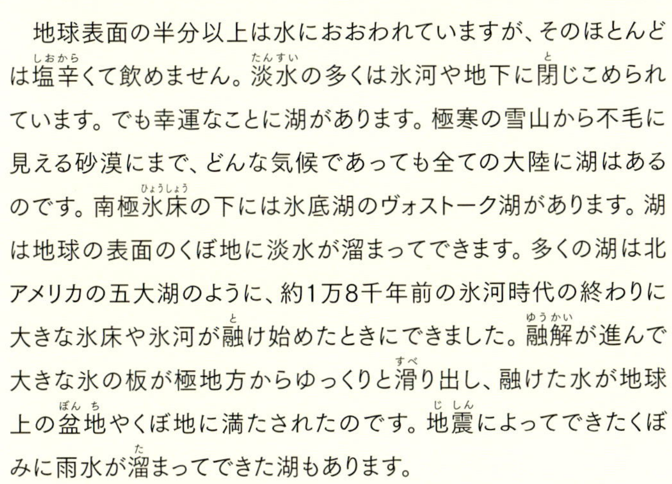

地球表面の半分以上は水におおわれていますが、そのほとんどは塩辛くて飲めません。淡水の多くは氷河や地下に閉じこめられています。でも幸運なことに湖があります。極寒の雪山から不毛に見える砂漠にまで、どんな気候であっても全ての大陸に湖はあるのです。南極氷床の下には氷底湖のヴォストーク湖があります。湖は地球の表面のくぼ地に淡水が溜まってできます。多くの湖は北アメリカの五大湖のように、約1万8千年前の氷河時代の終わりに大きな氷床や氷河が融け始めたときにできました。融解が進んで大きな氷の板が極地方からゆっくりと滑り出し、融けた水が地球上の盆地やくぼ地に満たされたのです。地震によってできたくぼみに雨水が溜まってできた湖もあります。

湖は生態系に含まれていますが、それぞれはかなり異なっています。湖の生態学的な性質を決める重要な要素は日射量や風、気温、水の化学組成やpH*などです。個々の湖で見られる生物はその場所の特徴的な環境で生き残るように進化してきました。たとえばティラピアは酸性の湖にも生息しています。また全ての湖は植物の生育を促進するための窒素とリンの正しいバランスをとっていることも重要です。これらの栄養が少な過ぎれば植物も他の生物もいないということです。リンか窒素が多過ぎると制御できないほど藻が育ちます。アオミドロなどの藻が他の生物が生き残ることができないほど湖全体を占拠してしまうことがあります。それぞれの湖の特徴を理解すれば湖を保護し維持することができるのです。

*pH…液体が酸性かアルカリ性かを示す指数

恩恵

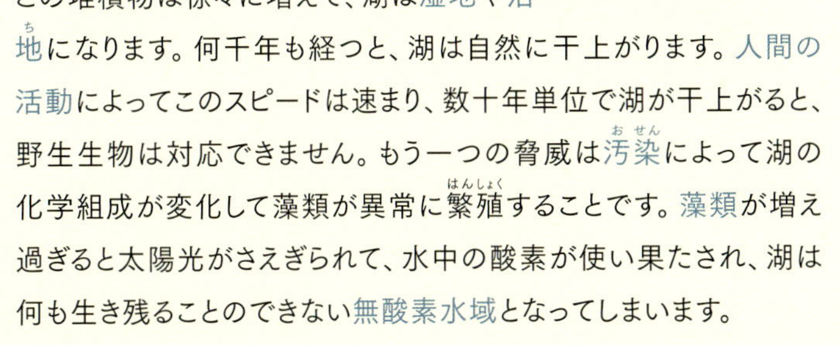

川と同じように湖も、飲み水、農業用水、そして輸送用の水を提供しています。また海と同じように湖も商業的な漁業のためのさまざまな生物資源の源です。大きな湖をわたる風は冷やされて気温のコントロールに役立ちます。湖の水や生物は、湖に依存して生活する多くの人間と動物たちを支えています。

湖の水は季節の変わり目に混ざり合う。冷えた水は沈み、それまで最も密度の大きかった湖底の水が上がってくる。

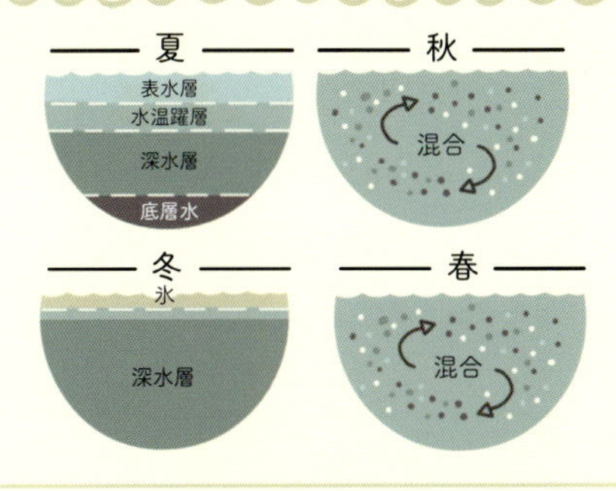

火山の火口に雨水が溜まってできた湖もたくさんある。

池と湖の違いは大きさ。最も深いところに植物が根づくと池と呼ぶことが多い。

湖は閉め切りになっているか、川が流れ出しているかのどちらか。閉め切りになっていると、長い間の蒸発によって海よりも塩分が濃くなっていることも多い。

干上がった湖底は化石の宝庫。

脅威

湖には自然なライフサイクルがあります。湖で死んだ動物や植物は分解されて沈み堆積物となります。この堆積物は徐々に増えて、湖は湿地や沼地になります。何千年も経つと、湖は自然に干上がります。人間の活動によってこのスピードは速まり、数十年単位で湖が干上がると、野生生物は対応できません。もう一つの脅威は汚染によって湖の化学組成が変化して藻類が異常に繁殖することです。藻類が増え過ぎると太陽光がさえぎられて、水中の酸素が使い果たされ、湖は何も生き残ることのできない無酸素水域となってしまいます。

O
H H
O C O
N N
O
O P O
O

自然の循環

宇宙に存在するものは全て物質でできています。物質を作り上げている原子は、何もないところに出現したり、消滅してしまったりすることはなく、別の形に変わるだけです。つまり、ビッグ・バンのときに作りだされた原子が裏庭の木や、あなたの手、今座っている椅子、その他全てのものになっています。大事な栄養もあなたの体を作っている分子も全て食物網の中を動いています。しかし食物網は、この世界の自然の循環のほんの一部です。炭素、窒素、リン、そして水の循環が、生態系が物質をリサイクルし変化させる主な道筋です。これらの循環によって私たちは食べ物、エネルギー、そして水を得ています。それらの循環は土を肥沃にし、気候を安定化します。空から降ってくる雨も、私たちの骨の中の炭素も、あるいは足元の泥も、循環することで私たちの地球上での生活を可能にしているのです。

栄養塩と、酸素などの分子、炭素、そして水は「貯蔵庫」に貯めることができます。ある貯蔵庫は栄養塩を短期間だけ保管できますが、あるものは何世紀もの間、貯めておけます。たとえば、比較的短期間の貯水槽は湖です。水分子(H_2O)は暑い日に蒸発して雲にもどり、雨になって降ってくるという循環をします。一方で氷河は長期間の貯水槽で、水を凍らせて何百年も貯えています。閉じこめてあった資源を大量に、急速に放出すると、地球の生態系は困ったことになります。各種の貯蔵庫のしくみを理解し、これらの重要な循環の微妙なバランスを、責任を持って維持しなければなりません。

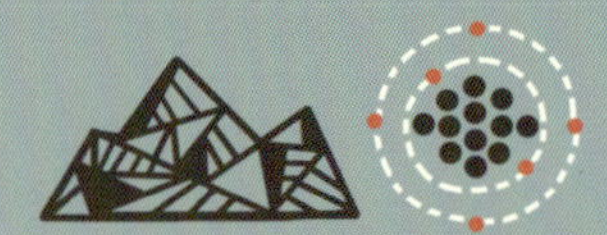

炭素の循環

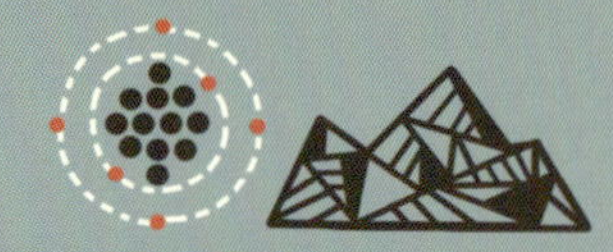

思いつく限りのあらゆる生物は炭素からできています。あなたも、あなたの犬も庭の草も、そして土の中のミミズも全て、炭素を基本とした生命体です。地球上の全ての生き物が炭素でできているだけではなく、細胞呼吸、呼吸に使える空気、気候の制御についても私たちは炭素の循環に依存しているのです。炭素は藻類を含む植物(生産者ともいいます)によって循環しています。植物は空気中から二酸化炭素CO_2を吸収し、光合成によって糖に変え、空気中に酸素を放出します。植物の糖はエネルギー貯蔵の一つの形です。植物を食べると、貯えられたエネルギーと炭素化合物が食物網の旅を始めます。

炭素は植物や動物の体に一時的に貯えられます。その一部は排泄物やごみになります。やがて生き物は死んで、分解者がその体の中の炭素を処理します。ごみや死体も食物網の一部で、細菌や菌類によって分解され、炭素は植物にとっての栄養豊富な土の一部となります。だから農業では家畜のふんや堆肥を作物の成長のために使用するのです。

炭素は糖(グルコース)分子の主要な成分で、エネルギーは糖分子の形で貯えられます。生き物は細胞呼吸という複雑な過程をこなすためにこのエネルギーを使います。細胞呼吸の間に二酸化炭素が空気中に返されます。光合成はエネルギーを貯える働き、細胞呼吸はそのエネルギーを使用する作用です。藻類を含む植物などの生産者だけが二酸化炭素を使用して光合成を行い、副産物として酸素を空気中に放出します。一方、細胞呼吸では全ての生き物が酸素を使い、副産物としての二酸化炭素を空気中に排出します。

酸素と炭素の循環によって呼吸できる空気が維持され、地球の温度がコントロールされ、海水のpHのバランスがとれ、土は肥沃になるのです。人間の活動によっては炭素の循環のバランスが崩れることもあります。化石燃料を急速に燃やすと前より多くの二酸化炭素が空気中に排出され、気温が上昇して、地球規模の生態系の変化を引き起こします(p.114)。炭素循環のバランスを理解することは地球を守ることです。

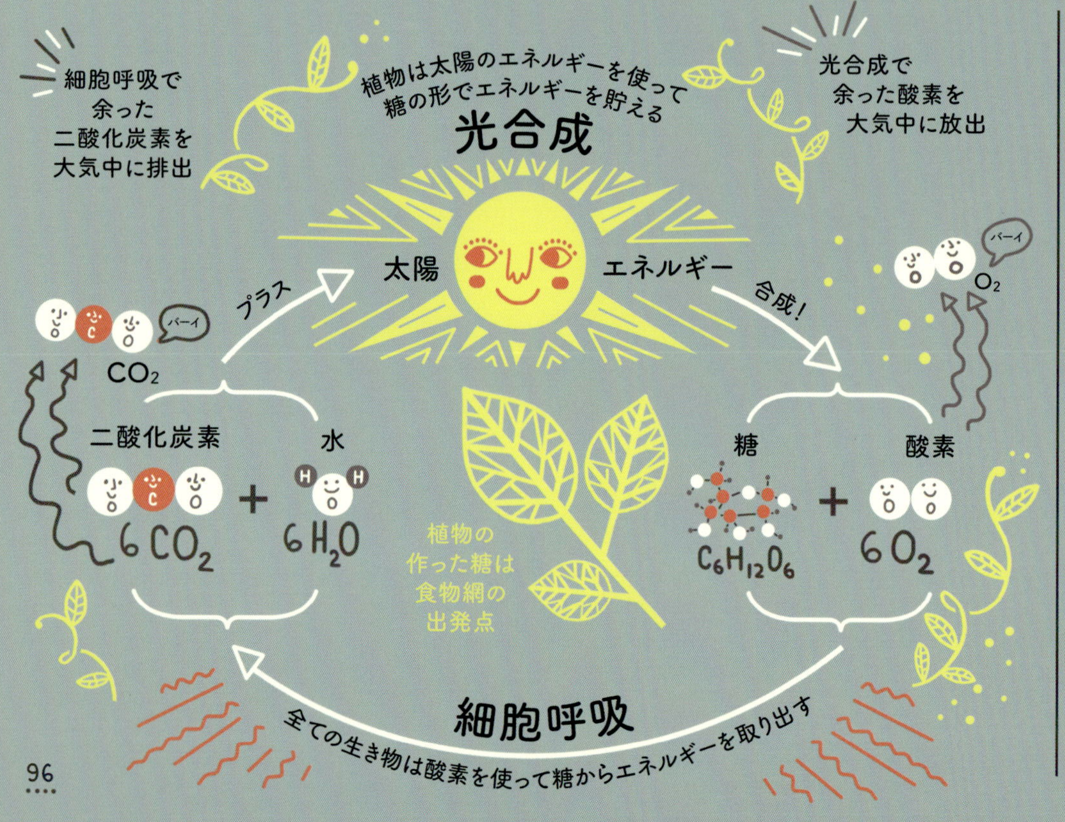

光合成
大気中のCO_2
水と光のエネルギー
植物に貯えられた炭素は食物網の中を送られていく
酸素は植物の光合成の間に放出される
O_2
植物中の有機物（生産者）
大気中のCO_2
細胞呼吸
大気中のCO_2
細胞呼吸
大気中のCO_2
燃料を燃やして出るCO_2
植物中の有機物（生産者）
二次消費者
有機物
一次消費者
有機物
ふん
有機物
生産者
うまいね、もっと炭素を！
分解者
死んだ動植物やふんなどの有機物が細菌によって分解される
栄養豊富な土
貯蔵された化石燃料

窒素の循環

窒素は空気の78％を占めており、たんぱく質および生物のDNAを作っている核酸の重要な構成要素です。私たちのまわりのどこにでも大気中の窒素はありますが、植物や動物がそれを直接吸収することはできません。窒素は普通N_2の形で存在し、2つの窒素原子が強く結合しています。さいわいにもある種の細菌がこの分子から窒素化合物をつくる（「固定する」といいます）ことができます。

大気中の窒素（N_2）を植物が吸収できるようにする、この「窒素固定」という作用は土の中のある種の細菌、水中の藍藻、およびマメ科の植物の根粒に住んでいる微生物が実行し、全ての生き物はこの作用の世話になっています。いくつかの複雑な過程を経て、微生物は窒素（N_2）を硝酸塩（NO_3^-を含む塩）のような植物の好む分子に変換します。イネのような植物はアンモニウム（イオン、NH_4^+）の形でも窒素を吸収できます。

窒素がいったん植物に吸収されると、食物網の先の方でも利用可能になります。消費者が植物を食べると、（そしてそれが他の動物に食べられると）窒素もわたされて使われます。細菌が死んだ生物やごみを分解すると窒素化合物は土にもどります。植物はこのリサイクルされたり、分解されたりした窒素も吸収します。窒素循環は、脱窒素細菌と呼ばれる別のタイプの細菌が硝酸塩を大気中にあるような純粋な気体窒素（N_2）にもどしたところで完了です。この強く結合した窒素分子は、もう一度循環が始まるまで大気中にとどまっています。

窒素分子の結合は非常に強いので、自然界でその結合を壊す方法は他には一つしかありません。それは雷！　稲妻のエネルギーで少量の大気中の窒素が「固定」され雨と共に降ってきます。人工的にN_2分子を分解して肥料を作る方法はすでに開発され、農産物の増産に対応できるようになっています。

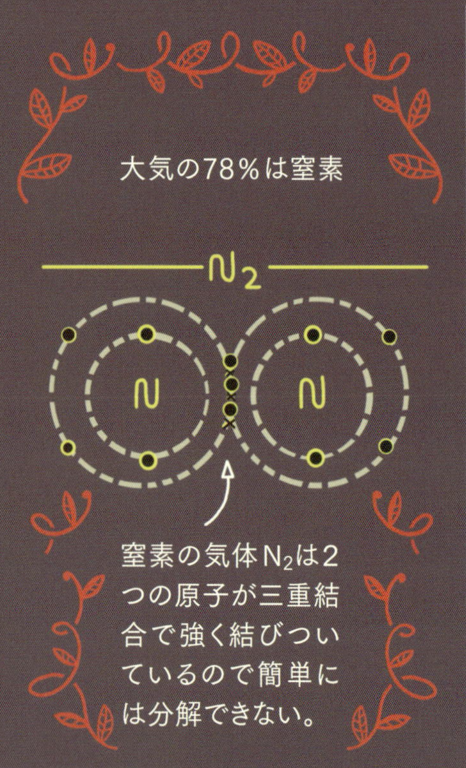

大気の78％は窒素
N2
N
N
窒素の気体N2は2つの原子が三重結合で強く結びついているので簡単には分解できない。

火山の噴火や、工場、車両による化石燃料の燃焼で大気中の窒素が増加。過剰な窒素はスモッグや酸性雨の原因となり、腐食や大気汚染を引き起こす。

N_2
結合したよ!
雷は窒素の三重結合を壊すことができる
結合を壊された窒素は酸素とくっついて硝酸塩となり雨に溶ける
N_2は大気中にもどる
一次消費者
食物網の先へ
ふんや尿
マメ科の植物
分解者
土の中の窒素固定細菌
根粒の中の窒素固定細菌
脱窒細菌
植物
死んだ動植物
アンモニア化作用
NO_3^-
硝酸塩
硝化細菌
硝化細菌
NH_4^+
と
アンモニウム塩
NO_2^-
亜硝酸塩

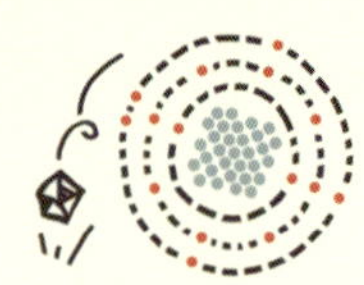

リンの循環

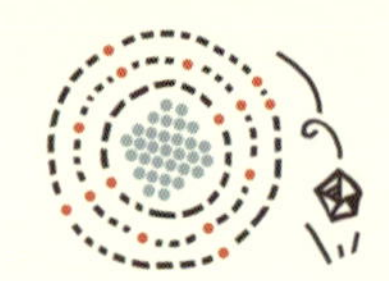

窒素と同じように、リンも全ての生物にとって重要な物質で、細胞の中で遺伝情報を担うDNAを構成しています。人間は肥料や工業に利用するためにリン鉱石を採掘しています。肥料として土壌にまかれたリンは植物が吸い上げて食物網をめぐり、生物の世界を循環しますが、リンの多くはやがて水に流されて海底へと移動します。

リン鉱石には、古代の動植物などの有機物を起源とするものと、マグマを起源とする無機質のものがあると考えられています。海底に堆積して何百万年もかけてできたリン鉱石が地殻の変動によって地表付近に現れると、風化や侵食によって砕かれ、川の水に溶けてリン酸塩となり、その一部は土にしみこみ、多くは海へと運ばれます。プランクトンによって食物網に取りこまれると、魚を食べた海鳥のふんとして地上で堆積することもありますが、食物網に入ったリンも、肥料に使われた無機質のリンも、やがて流されて海底に沈んで堆積します。自然に存在するリンのほとんどは地表から海底へと一方的に移動し、深海底から地表への循環にはとても長い時間がかかります。窒素は大気中にほぼ無尽蔵に存在しますが、リンは限りある埋蔵資源だと考えねばなりません。

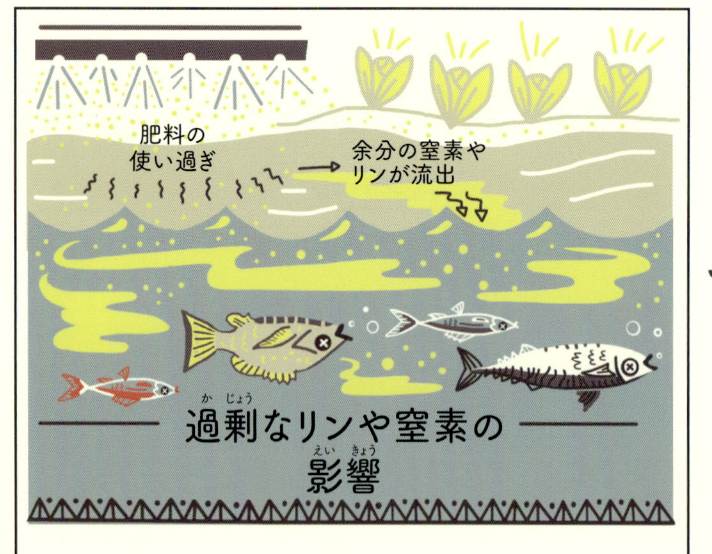

過剰なリンや窒素の影響

リンと窒素は地球上の生命の維持に極めて重要ですが、植物のすぐ近くにはありません。そこで人間は土地を人工的に活性化して植物を育てようと、肥料を作りました。人口の増加にともなう食料の増産のために肥料は役立ちました。たいしたものです！　しかしいくらよいものでも多過ぎれば危険です。水路へあふれ出した肥料は生態系のバランスを崩し、海に無酸素水域を作ってしまったのです。農業における肥料の使い方を考え直し、流出を阻止して、このような汚染を最小にするようにしなければなりません。

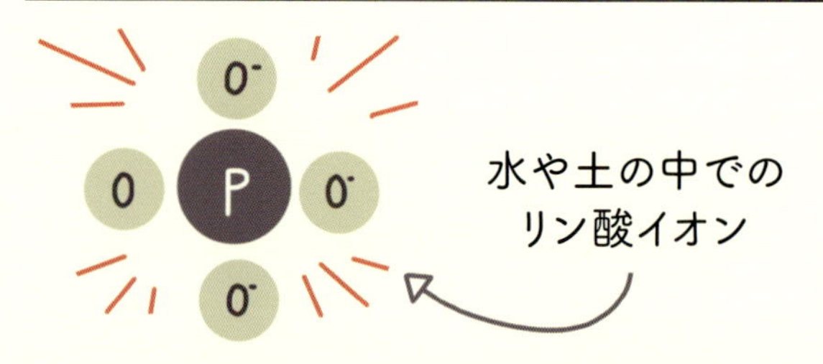

リンが海底や湖底から
再び陸上に
もどってくるまでには
2万年から10万年もかかる

リンは植物を
経由して
食物網へ
死体や
ふんなど
リン
削られ砕かれた
リン鉱石
細菌が
ごみや死体を
分解
植物に
吸収された
リン
土の中に
入ったリン
土の中に
入った
リン
深い
地下の岩石から
徐々に
土にしみ出したリン
岩石に
閉じこめられた
リン

水の循環

暑い日にコップの水を飲んでいるときも、雨に降りこめられているときも、あなたの目の前で水が循環しています。水(H_2O)は地球表面の70%をおおい、私たちの体の60%は水でできています。水はどこにでもありますが、飲用に適する水は実際には不足気味です。私たちはみんな、ろ過した淡水を世界中に配るという水の循環のおかげで生活しています。

全ての水は最終的には海に行きつきます。太陽が海の表面を暖めると、水の分子は空中へと蒸発し、飲むには適さない塩分やマグネシウムなどのミネラルがあとに残ります。蒸発した淡水が凝結して雲になります。このふわふわした淡水の貯蔵庫は世界中の空に浮かんでいます。雲が重くなり過ぎると淡水は重力によって、雨、雪、時には雹となって降ってきます。植物や動物、人間も飲み水にありつく、というわけです。

降った水のいくらかは太陽の熱のせいですぐに蒸発します。またいくらかは氷河となって山のてっぺんで凍ります。重力にさらに引っ張られて地面にしみこむ水もあります。いずれそのような土の中の湿り気は植物や動物に利用されたり、さらにゆっくりと地下を移動して海へもどったりします。山の雪はゆっくり融けて小川となり、大河となって海に向かいます。川や地下水は塩やその他のミネラルを海へと運びます。流れて来るミネラルや水分の蒸発、岩石の侵食などで海の水は塩辛くなります。

植物が吸い上げた水も、人や動物がごくごくと飲む水も水の循環の一部です。私たちの体内の水も尿として排出されなくても汗となって蒸発し、吐く息の中の水蒸気となって出ていきます。植物からは「蒸散」という作用で水が気体になって出ていきます。

世界には、どこにでも飲み水があるように思える地域もありますが、地球全体をみると20億人以上の人々が清潔な水がいつでも手に入るわけではないという状況にあります。乾燥地域では水不足の上に水を輸入する資金も十分ではなく、水に恵まれた地域であっても井戸を掘ったり消毒したりする財源がないという純粋に経済的な原因がある場合もあります。水をいかにうまく使い続けるかということと、どうやって公平に分配するかということを同時に考える必要があります。

巻積雲
巻雲
高積雲
高層雲
凝結
（雲）
熱
積乱雲
層積雲
降水
（雨）
積雲
層雲
蒸散
（植物から）
蒸発
（水蒸気）
川
海
H_2O 水
H
O
H
地下の
貯水槽

植物

私たちはみんな植物の恩恵を受けています。立派な樫の木であろうと、ミクロな藻の細胞であろうと、太陽から直接エネルギーを受け取れるのは植物だけなのですから。植物は光合成という作用で、太陽光のエネルギーを使って二酸化炭素と水から糖の一種のグルコースを作ります。植物はこの糖をエネルギーとして使い(つまり食べて!)自分自身を成長させます。光合成の間に捨てられるのが酸素です。植物は私たちが呼吸をするのに必要な酸素の多い空気を自然に作ってくれています。

植物には太陽を利用して自分のための食べ物を作り出すという能力があるので、ほとんど全ての食物網のはじめにおかれています。植物は土から重要な栄養塩を吸い上げ、それらの栄養を食物網に送りこんで循環させます。私たちは植物を食べたり植物を食べた動物を食べたりして、エネルギーと栄養を受け取ります。植物の根は足元の土を崩れないようにしたり、侵食を防いだり、海岸線を洪水から守ったりします。私たちが生きている世界、食べているもの、呼吸する空気は全て植物のおかげで存在しています。

たねの発芽

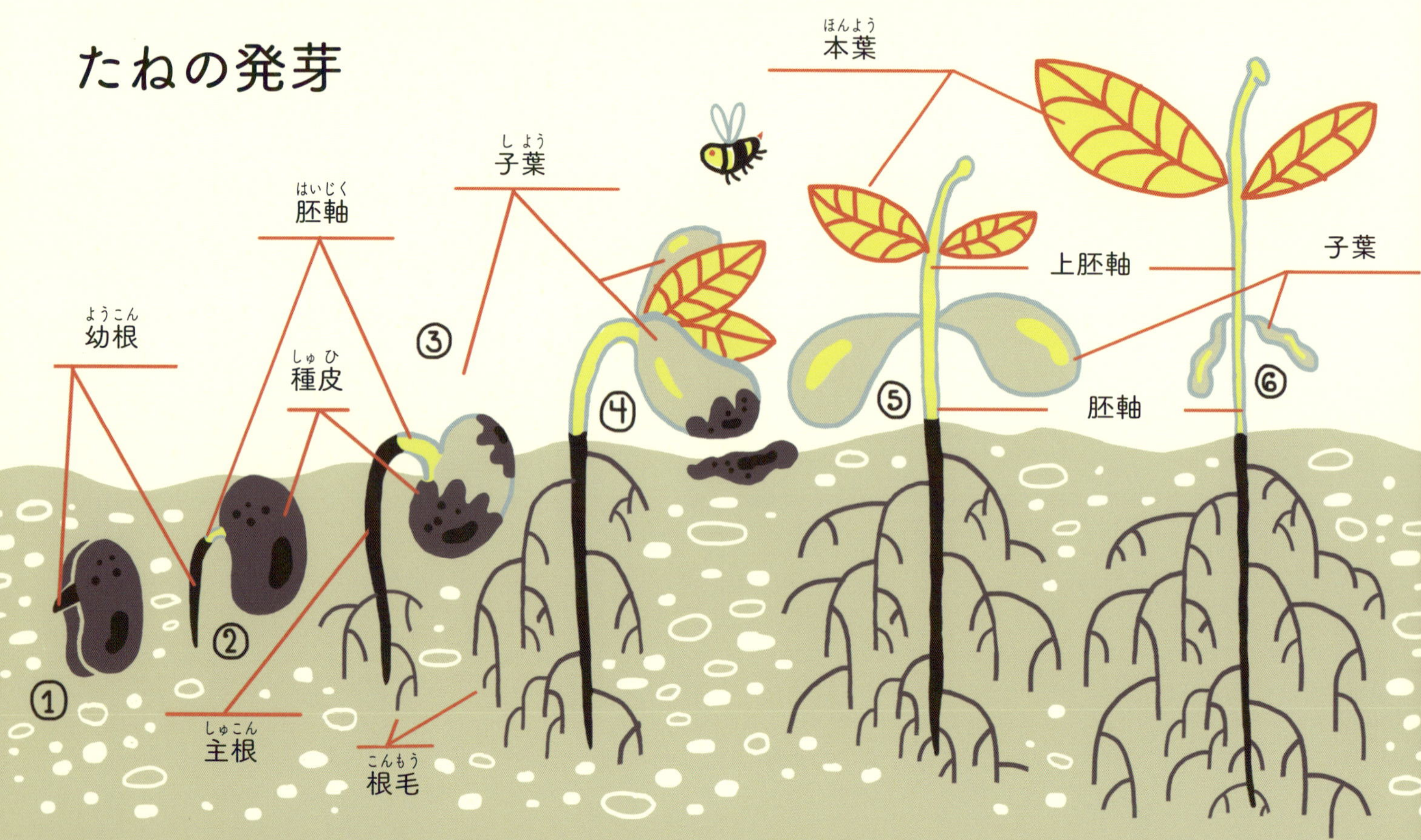

植物に必要な主な栄養

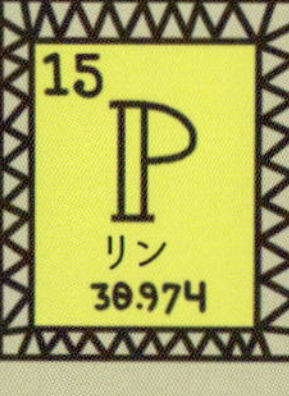

顕花植物
花弁
おしべ
めしべ
柱頭
花柱
子房
胚珠
主脈
葉脈
萼片
頂芽
花托
葉
蒸散によって水蒸気を放出
葉柄
花粉
O2
放出
維管束組織
光エネルギー
気孔
葉緑体
光のエネルギーと二酸化炭素と水でエネルギー（グルコース）を貯蔵
栄養枝
茎
シュート系（葉と茎）
根系
主根
土
側根
水
根端
根冠

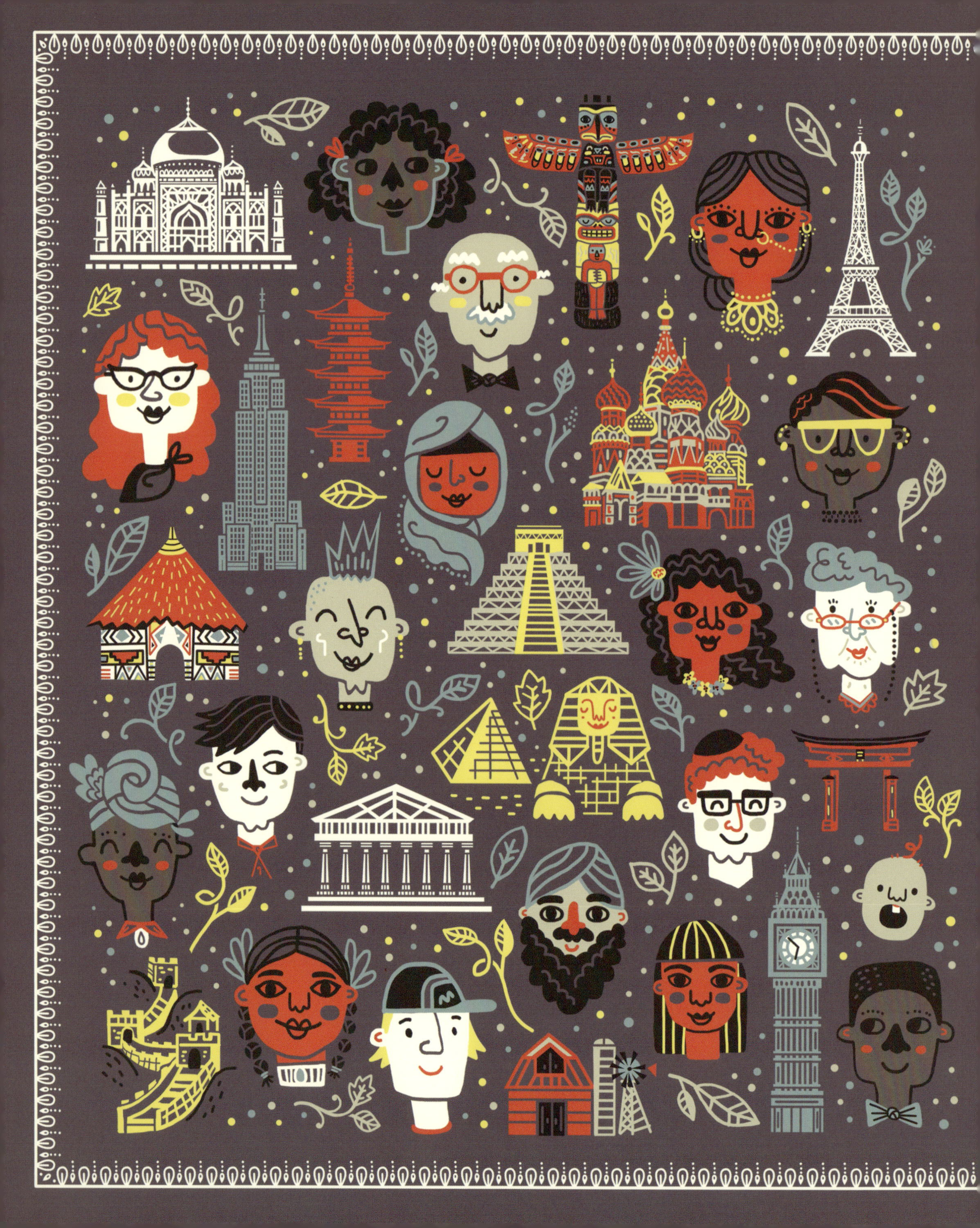

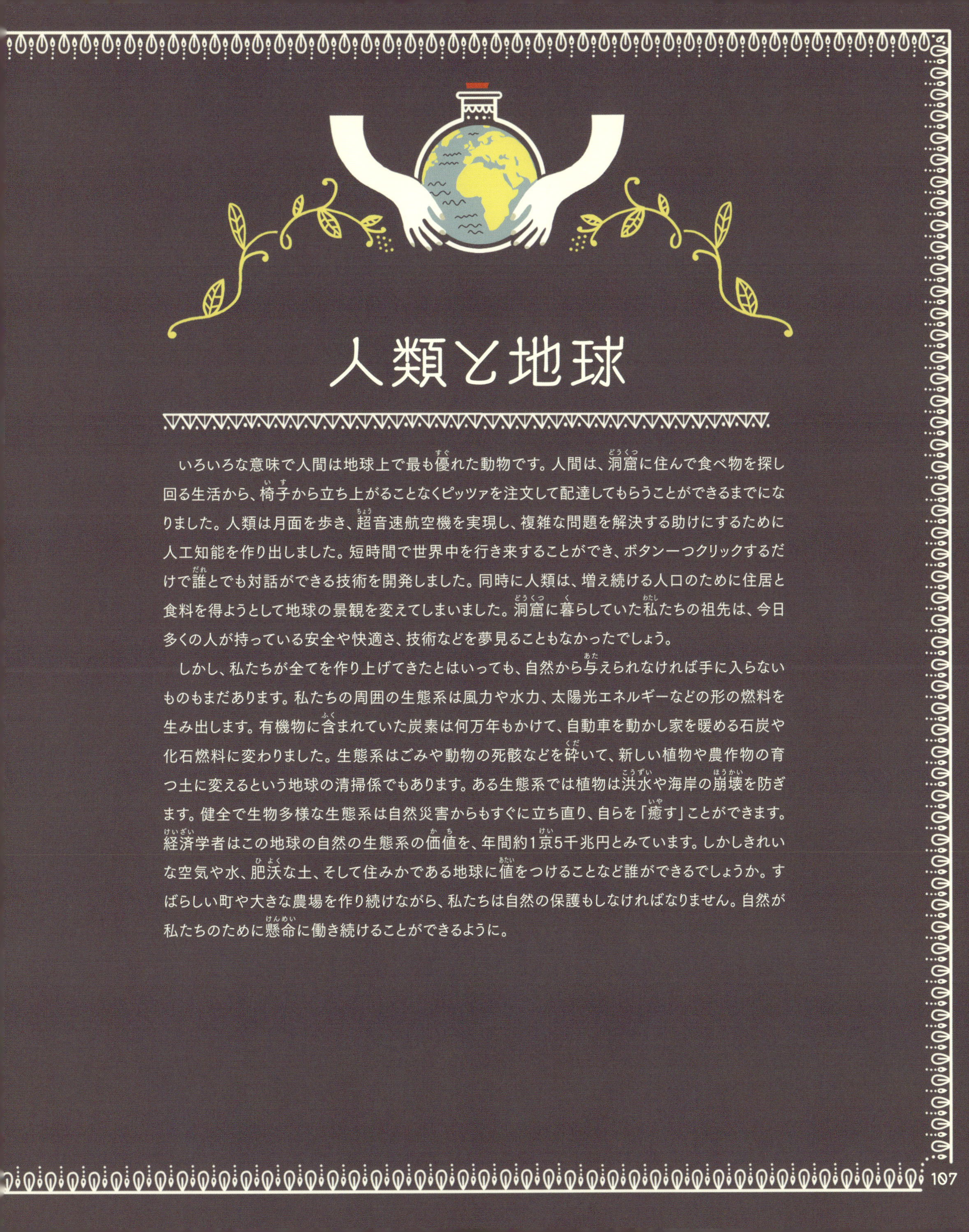

人類と地球

いろいろな意味で人間は地球上で最も優れた動物です。人間は、洞窟に住んで食べ物を探し回る生活から、椅子から立ち上がることなくピッツァを注文して配達してもらうことができるまでになりました。人類は月面を歩き、超音速航空機を実現し、複雑な問題を解決する助けにするために人工知能を作り出しました。短時間で世界中を行き来することができ、ボタン一つクリックするだけで誰とでも対話ができる技術を開発しました。同時に人類は、増え続ける人口のために住居と食料を得ようとして地球の景観を変えてしまいました。洞窟に暮らしていた私たちの祖先は、今日多くの人が持っている安全や快適さ、技術などを夢見ることもなかったでしょう。

しかし、私たちが全てを作り上げてきたとはいっても、自然から与えられなければ手に入らないものもまだあります。私たちの周囲の生態系は風力や水力、太陽光エネルギーなどの形の燃料を生み出します。有機物に含まれていた炭素は何万年もかけて、自動車を動かし家を暖める石炭や化石燃料に変わりました。生態系はごみや動物の死骸などを砕いて、新しい植物や農作物の育つ土に変えるという地球の清掃係でもあります。ある生態系では植物は洪水や海岸の崩壊を防ぎます。健全で生物多様な生態系は自然災害からもすぐに立ち直り、自らを「癒す」ことができます。経済学者はこの地球の自然の生態系の価値を、年間約1京5千兆円とみています。しかしきれいな空気や水、肥沃な土、そして住みかである地球に値をつけることなど誰ができるでしょうか。すばらしい町や大きな農場を作り続けながら、私たちは自然の保護もしなければなりません。自然が私たちのために懸命に働き続けることができるように。

果樹園
リンゴ
納屋
サイロー
トマト
細菌がごみを分解中
堆肥
穀物貯蔵タンク
温室
風車
ブタ
ヒツジ
畜舎
ウマ
豚小屋
ニワトリ
トラクター
ウシ
養鶏場
カブ
オオムギ
クローバー
コムギ
家畜のふん
輪作
違う種類の作物を順に栽培すると、栄養塩は自然に土にもどる。

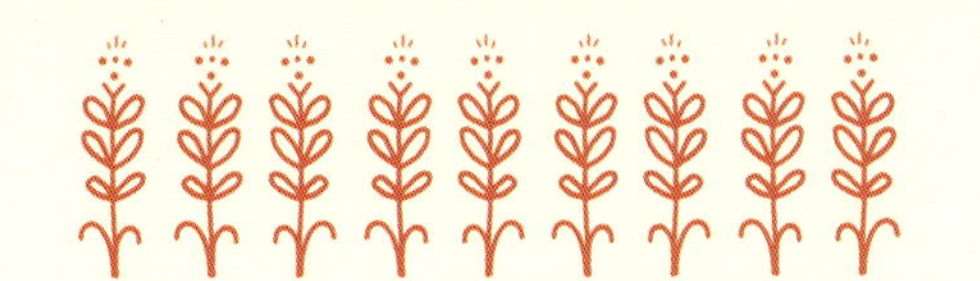

農　場

人間の文明、その全ての基本は食べ物です。有史以前、食べるための唯一の方法は自分で食べ物を見つけることでした。私たちの祖先は定住しておらず、食べられる植物や動物を探して常に移動していました。しかし氷河時代のあと、世界中で移動生活をしていた人たちは植物のたねをまいて作物を育てることを始めました。農業によってたくさんの食料ができ、食料が多ければ多いほど、人々には別のことをする時間ができました。人々はこの新しい農場の周りに定住して、新しい道具を発明したり作ったりするような新たな仕事を始め、技術の時代が到来しました。収穫をふやすような新しい農業の方法が開発されました。人々は周囲の土地を変え、土を耕し、農作物に水をやるために灌漑をし、彼らのコミュニティに最も有益な植物や動物を選んで育てました。大規模な文明と都市が現れ始めたのです。

今や新しい技術によって急速に増加する人口に食料をまかなうことができるようになりました。機械が土を掘り、作付けし収穫します。作物が日照りに耐え、害虫を寄せつけないように遺伝子レベルで品種を選択できます。化学肥料が土地の生産性を高めます。世界各地で生産された食料は、世界中に輸送されています。私たちはイタリアから来たトマト、ヨーロッパの小麦、アメリカのチーズでできたピッツァを食べることができます。しかしこれほどの進歩があっても、農業を可能にしている自然の資源には限りがあるということを覚えておかなければなりません。

持続可能な農業とは、将来のために、環境を健全に保ちつつ、増え続ける人口に食料を届けるということです。大きな人口に食料を届けるために克服すべき課題は、栄養のある土の消耗、水の使い過ぎ、肥料の製造や農業機械の運用のために化石燃料を使うことなどです。

生物多様性は野生の世界と同じように農地にも重要です。広い土地に一種類だけの植物を植えることは、農家にとって管理が簡単で利益にもなりますが、それもまた土を消耗し、化学肥料に大きく頼らざるを得なくなります。肥料の使い過ぎは地下水を汚染し、ひいては海洋を汚染します。農場で特定の植物だけを育てると、作物全体が病気や害虫の影響を受けやすく、さらに農薬が必要になり、天候の変化にも弱くなります。

農場に、植物や動物の多様性があれば、健全な生態系のような自然の恩恵をたっぷり受けられます。植物が異なれば、土から取り入れる化合物も違い、違った栄養を回復させます。一種類の作物だけを作って土を酷使するかわりに作物を交代させることによって、土が自然に肥沃になります。被覆作物*を植え、堆肥や動物のふんを使うことで化学肥料の量を減らすことができます。害虫除けになる植物もあります。生物多様性は水を守ることにも役立ちます。日照りに強い植物を植え、水の使用量を減らす灌漑方法を用いてため池を長持ちさせると、乾期にも続けて使えるようにできます。場所によっても異なっていて、ある地域に固有の植物には肥沃で水分を含んだ土を維持することのできる特殊な性質があることも多く、その土地固有の草や木を導入することで、農業がより持続可能になることもあります。

作物の栽培のために機械を動かしたり、できた作物を世界中に輸送したりするために、化石燃料を使います。だから、商品として育てられた一本のニンジンにもカーボンフットプリント(p.119)があります。いずれ石油はなくなりますが、私たちの食料需要はなくなりません。ますます多くの人々が都会で暮らすようになって、そこへ食料を届けることが食料を作ることと同じように重要になっています。石油価格が上がれば、新鮮で健康的な食品が高価になり、大きな食料品店のない、都会の中でも貧しい地域には「食の砂漠」ができるでしょう。食の砂漠は世界中にあって、そこでは人々は新鮮な野菜や果物を手に入れることが困難です。世界中の人々が食べていくために、技術の進歩と代替のエネルギー源が必要です。

新しい技術と生態学の知識の両方があれば、未来のために地球を保護しながら増え続ける人口に食料を供給し続けることができるでしょう。

*被覆作物…雑草をおさえ、土の状態の調整のために、主要作物が使わない時期に畑に植えるクローバーなどの植物

ハヤブサ
屋上
庭園
太陽光
発電パネル
ハト
送電線
電線
アライグマ
食料品
生鮮
食品
野良猫
市バス
食品
配達
下水の
マン
ホール
ハナミズキ
リス
下水道
電線
配管
共同溝
地下鉄
ゴキブリ
ネズミ

都　市

地球上の全ての生き物には住むのに適した環境と住むところがあり、それは人間も同じです。古代、私たちの祖先は厳しい天候と捕食者から身を守るために洞窟に住んでいました。人類が進化し進歩すると家を作りました。たとえテントや小屋であっても、あるいは一軒の家や高層ビルであっても、人が作った建物は私たちを悪天候から守り、私たちが安心して利用できる機能をもっています。今や人類は地球上のかなりの部分を、人間の快適さのために特にデザインされた居住環境へと変えてしまいました。

都市にはさまざまな形や大きさがあり、そこに住む人々によって特徴づけられます。コンクリートジャングルというよりは村に近いものもあります。現在、世界の人口の半数以上は都市に住んでいます。これらの人々の暮らしを支えるために都市には複雑な社会基盤(インフラストラクチャー)が必要です。送電網や通信設備、給排水やごみ処理のシステムなど。電線やケーブル網は地下や空中、あるいは海底に設置され、電力とインターネット接続を必要な場所へ届けています。たいていの大都市では道路は舗装され、地下鉄が通って人々は容易に移動し食料を運ぶことができます。未開発地域の町では必ずしもみんなが清潔な水や給排水設備、電力を利用できるわけではありません。

現代の都市では動物が人と共存することはほとんどできません。生物多様性は低いかもしれませんが、それでも私たちの身近に野生動物はいます。ハト、ネズミ、あるいはアライグマなどがごみの容器から食事を楽しむ姿が珍しくない町もあります。時には新しいやりかたで生態系を利用しようとする思いがけない動物を見かけることもあります。崖の上に巣を作る生活をしてきたハヤブサが、超高層ビルに止まったり巣を掛けたりしているのが目撃されています。インドの都会のマーケットではアカゲザルがごみを漁り、フランスのアルビでは通常は池の底にいるナマズが、水辺で気づかずにいるハトを、水から飛び出して襲うそうです。

人口が増加すれば都市も大きくなります。通りや塀、壁が野生動物の通り道を寸断し、光害が夜行性の動物の自然な習性を乱します。コンクリートが敷きつめられるにつれて、野生生物の生息地はどんどん破壊されます。都市の拡大のために、世界中で10年ごとにイギリスの面積ほどの自然地域が破壊されています。

それでも自然の生態系を完全には犠牲にしないで都市を建設する方法があります。自分たちの都市計画に植物をとり入れることを始めたところもあります。2015年には大きな空中公園がシンガポールに作られました。この高さ50mのスチールの建造物は「スーパーツリー」と呼ばれていて、本物の木ではありませんが、両側に多くの木が育てられているので、自然にその地域を涼しくしています。アフリカや北アメリカ、ヨーロッパには高速道路の下に動物の通り道を作ったところがあり、野生動物たちは道路に邪魔されずに移動できます。

再生可能エネルギーを使う方法を探ることについては都市が世界をリードしています。2013年にはスウェーデンのマルメがヨーロッパ最初の「炭素中立*都市」になりました。そこでは風力、太陽光、およびバイオ燃料による完全に再生可能なエネルギーだけが供給されています。自動車やバスはガソリンではなく、電気、および食料のごみでできたバイオ燃料で運用されています。アメリカでは、2015年にバーモント州バーリントンが全ての電力を再生可能エネルギーでまかなうアメリカ初の都市となりました。

都市の建設に関する責任は人間にあります。そして自然への影響について選択するのは私たちです。計画が適切であれば、自然環境を保護し、あるいは野生生物にふさわしい環境をつくり出して自然への悪影響を小さくすることができるのです。

*炭素中立…生産や活動の際に排出する二酸化炭素と吸収する二酸化炭素の量が同じであること

人類が自然に与えた影響

開発や進歩はよいことです。しかし私たちが発展を続け、全ての人類の役に立つ仕事を続けるとき、自然界に与える影響についても十分に考える必要があります。私たちが環境におよぼす影響を理解すれば、もっとずっと持続可能な建設や農業ができるでしょう。

森林破壊

世界中で森林が伐採されて木材になり、そのあとは農場や牧場、建物、その他の開発のための用地になっています。その結果、大雨が降ると水があふれたり、動物たちの住むところがなくなったり、いろいろな問題が起きています。私たちは空気中の二酸化炭素を吸収して酸素を作るということも大きな森林に任せています。科学者たちは、空気中の望ましくない温室効果ガスの15％は急速な森林破壊によって二酸化炭素を吸収する樹木が足りなくなったことが原因だと考えています。大きな森が伐採されるとその地域の雨量や天候のパターンが変化し、かつては木々が吸収していた水が地上を流れ、付近の川の汚染や侵食を引き起こすこともあります。

侵略者たち

多くの農作物や、家畜となっている動物たちは別の場所から持って来られたものです。しかし侵略的な種を自然界に持ちこむことは生態系にとって危険でもあります。

時には何かの目的で持ちこまれた侵略的な種が新しい地域に予期せぬ影響をおよぼすことがあります。たとえばあなたのお隣さんがペットのニシキヘビを可愛がっていたとしましょう。でももしそのヘビが逃げ出したら、近所の動物たちは大混乱になるでしょう。クズという植物は、珍しい園芸植物としてアメリカに持ちこまれました。今やクズはアメリカ南部にはびこって、他の植物に絡みつき、時には自動車や建物まですっかりおおってしまうほどです。また、幼虫が果物に寄生するチチュウカイミバエのような侵略的な種が偶然に持ちこまれることもあります。農産品が世界中に輸送されると、このやっかいなハエも輸送され、地球全体の作物を脅かします。

どんな地域でも生態系の動植物は互いに競い合って進化してきました。そのようなところへ新しい種が持ちこまれると、それが侵略的になり、環境を支配し、資源をめぐって既存の種を打ち負かし、その生態系を破壊することがあります。カワホトトギスガイはヨーロッパからの船舶のバラスト水にまぎれてアメリカの五大湖などに侵入して増え、まさに今、問題になっています。

乱獲

魚の乱獲や無計画な狩猟、牧草の使い過ぎなどは生態系に大きな負担をかけます。魚などが元通りの数に回復するより速く獲ってしまうのが乱獲です。リョコウバトのように乱獲されて絶滅したものもあります。魚を無制限に獲ると、繁殖の機会を与えないまま魚種を絶やしてしまって海の資源の枯渇につながります。工業的に作られた大規模な漁網は、しばしば人間が食べない魚まで獲って（混獲といいます）殺してしまいます。

家畜に牧草を与え過ぎて、土を安定に支えるための草の根が少なくなると土は急激に侵食されてしまいます。単一作物の大規模な農業は土地に負担をかけ、栄養分が枯渇します。その結果植物は育ちにくく、土が死ぬことにもなります。大規模な農業、漁業、牧畜は人口を支えるために必要です。しかし資源が枯渇しないように持続可能な方法で行うことが大切です。

砂漠化

森林伐採や牧草の使い過ぎ、土地の過剰な開発などの人間の活動に、日照りや気温の上昇が重なると砂漠化が起こります。砂嵐が頻繁に起こる乾燥したやせた土地では何も育ちません。最高に肥沃な土地でも砂漠になることがあります。アメリカは、1930年代に不適切な農業を続け牧草を使い過ぎてダストボウル[壊滅的な砂嵐]が出現したときに砂漠化の問題に直面しました。正しい介入、つまり適切な作物を順に育てて循環していくことで、運がよければ雨季も味方して土地は回復が可能です。それでも砂漠が広がることがあります。たとえば、中国のゴビ砂漠は周辺での牧草の使い過ぎと森林伐採によって年々3400km^{2}ずつ広がっています。地球温暖化は世界中の砂漠化を加速し続けています。

汚染

たいていの人は誰かが車の窓からごみを投げたり、歩道にごみを捨てたりするのを見たことがあるでしょう。これは困ったことですが、最も危険な汚染は、過剰な、あるいは間違った使い方をした化学物質です。天然のものであれ、合成されたものであれ、化学物質の使い過ぎや不適切な捨て方は私たちの生態系を混乱させます。

よいものであっても多過ぎてはいけません。たとえば、リンと窒素は植物の成長に必要なもので、大規模農業ではこれらの栄養塩を含んだ化学肥料を使っています。しかしアメリカでは、化学肥料の使い過ぎによって農地からあふれ出た水がミシシッピ川流域の地下水を汚染しました。その水は全てメキシコ湾に流れこみ、多過ぎた化学肥料が藻の異常繁殖をもたらし、水中の酸素を使い果たしてしまいました。酸素不足の水には生き物が住むことはできません。この汚染は年々約2万2千km^{2}の「無酸素水域」を作り、そこではどんな海の生物も生き残れないのです。

有毒な化学物質が生態系に入ってくることも危険です。たとえば、鉱山の作業や石炭の燃焼は毎年何トンもの水銀を大気中に放出しています。水銀が多過ぎると人間の神経や腎臓がダメージを受けます。プラスティックや薬剤の中のある種の化学物質は生き物のホルモン代謝に異常を起こさせることがあります。それらを捨てたり、トイレに流したりすると、危険な物質が水を汚染し、魚などの水生生物に害を与えます。

光や音も野生生物に悪い影響を与えることがあります。その実例はウミガメの赤ちゃんに関する新しい問題です。何千年もの間、ウミガメの赤ちゃんは夜の砂浜で孵化し、月の光に導かれて海へと向かっていました。しかし海岸沿いの街の明るい光は孵化したばかりの赤ちゃんガメを混乱させ、海から離れて電灯の下に向かわせるのです。多くの街でカメの孵化の時期には電灯を消すようにしていますが、そうしなかったところではその年代のカメはいなくなってしまいました。音波によっても動物は混乱し、つがいをつくる大事な時期に彼らどうしのコミュニケーションが中断されたりします。とりわけ深刻な例は潜水艦のソナー[人の耳には聞こえない超音波を使った水中の探知機]がクジラの聴力を失わせて海中を移動する能力を破壊してしまったというものです。

気候変動

地球の気候は45億年の間に大幅に変動しました。人類が出現する前の地球には、地球の軌道のわずかな変化が原因で少なくとも5回の氷河時代と暖かい時期がありました。最後の氷河時代以降、地球の気候は人類の生活に理想的なものとなっています。しかし今、新しいタイプの気候の変化が私たちの生存を脅かしています。それは太陽と地球の位置関係のずれではなく、人間自身の活動によるものです。化石燃料の使い過ぎで気候は暖かくなり、その影響で私たちの住み家である地球が荒れつつあります。

産業革命以来、人類の技術はすばらしく発展しましたが、エネルギーの使用量も増加しました。現在、人類の主要なエネルギー源は燃やすことでエネルギーを産出する石炭、石油、ガスなどの化石燃料です。化石燃料を燃やすと、ただちに二酸化炭素などの温室効果ガスが排出されて大気を汚染します。炭素の循環は地球の生態系の自然なプロセスで、自然界には森林や地下の岩石などという炭素の貯蔵庫がたくさんあります。しかしそれらが吸収できるよりも速いペースで、人類は大量の二酸化炭素を排出しています。つまりこれらの温室効果ガスは大気中や海中にいつまでも残存し蓄積します。温室効果ガスは地球をおおって必要以上に断熱し、太陽の熱を異常に長くとどめて宇宙空間への放熱を遅らせます。このとどめられた熱で地球の気温が上昇します。

研究者は、氷床から取り出した氷、化石、堆積岩、樹木の年輪試料などで過去の地球の気候を調査しています。人工衛星や地上に張り巡らされた各種の機器のネットワークを使って最近の気候変動を測定します。地球の気温は過去100年間におよそ1℃上昇し、そのほとんどは最近2、30年のことです。1℃というのは小さいと思うかもしれませんが、長期間にわたって続けた観測は日々の気温測定とは違います。アメリカが900mもの厚さの氷におおわれていた最後の氷河時代と今日の気候との差は合計で5℃よりも小さいのです。最近の気象観測から、研究者たちは夏が長く、暑くなっていることに気づいています。一年のうちに冬の極端に寒い日々が減って、夏の極端に暑い日数が増えているのです。この10年間に有史以来最も暑いという年が何回かありました。

圧倒的多数の科学者が、地球の温暖化は人間の活動と化石燃料の燃焼が原因だと考えています。地球の気温がこの速いペースで上昇を続けたら、次の世紀にはもっと頻繁に自然災害が起こり、現在の地球上の居住地域のかなりの部分が人間にとって過酷な環境になると科学者たちは予想しています。でもあきらめないで！空気中の温室効果ガスの量を減らすことに人類が力を合わせれば、環境悪化の速度を落とし、場合によっては地球の温暖化による悪い影響を止められるかもしれません。資源の使い方を変えることで、人類にも地球にも、変化する気候に備えるための時間的な余裕ができるのです。

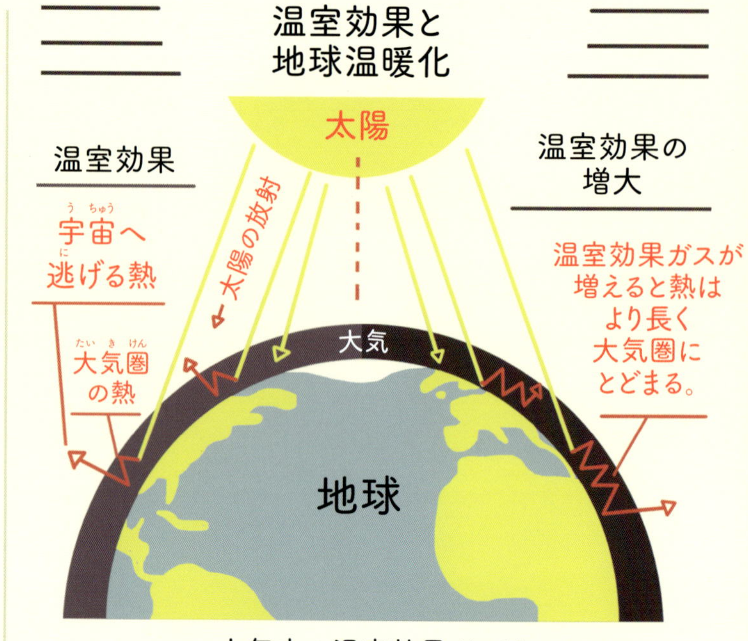

大気中の温室効果ガスは
太陽の熱を閉じこめて地球を暖める。
過剰な温室効果ガスは
地球の温度を大幅に上昇させる。

温室効果ガスとは
二酸化炭素 CO_2、メタン CH_4、亜酸化窒素 N_2O、
ハロカーボン*、オゾン、および水蒸気など。

*ハロカーボン…ハロゲン(フッ素、塩素、臭素など)を含む炭素化合物

地球温暖化が進むと……

海面の上昇

氷河や海氷が融けると、多くの水が海へ流れこみます。過去20年間に、海面は年間3mmの割合で上昇しています。小さいと思うかもしれませんが、海は広いので海面全体が3mm上昇するにはずいぶんな量の氷が融けたということです。海面の上昇によってすでに侵食、高潮、海岸付近の都市の浸水などが起こっています。もしこれが続けばもっと大きな問題が起こり、海岸付近にある都市の完全水没もあるかもしれません。

海の酸性化

余分の二酸化炭素は海の表面と空気中しか行くところがないので、海水の酸性度が増加します。過去200年間に海の酸性度は30％上がりました。これは過去5千万年の中では最も速い割合です。さらに酸性化が進行するとサンゴを含む多くの海の動物は生き残れないでしょう。

極端な天候

気候が今までよりも暖かくなれば、海から蒸発する水が増えます。そして暴風雨も強くなります。海が暖かくなると台風ももっと強く、もっと遠くまで移動するようになります。一方で気候が暖かくなると乾燥地帯はさらに乾燥し、ひどい干ばつや大きな森林火災がもっと頻繁に起こるということです。

極地方の氷床の融解

最もはっきりと目に見える地球温暖化現象の一つは極地方の氷床や永久凍土層が融けることです。氷には太陽光を反射して宇宙へもどし、地球全体を涼しく保つという役割があります。海氷の融解は海面上昇の最大の原因でもあります。

種の絶滅

環境の極端な変化が続くと、全ての動植物がすばやく適応して生き残れるわけではありません。今も寒冷地の動物はせまくなる自然環境に追われて逃げ続けています。海氷の上に住むホッキョクグマなどはしだいに住みかを失いつつあります。砂漠はより暑く、より厳しくなり続け、砂嵐や水不足の拡大につれて動物たちは砂漠の縁に追いやられています。世界中の動物たちが地球温暖化から逃れるために移動を続けています。

地球を守るために

この世界を真剣に観察し理解することが地球を守るための第一歩です。この本であなたは世界中の生態系について、なぜ重要なのか、どんな危険が迫っているのか、などを学びました。山がどのように川や海とつながっているのか、大気のために森林が必要な理由、遠くにある氷床がどうやって地球全体を涼しく保っているのか、などがわかりました。自然界とその野生の命は私たちにかけがえのない恩恵をもたらしています。地球をあらためて理解することは保護を始めることにつながります。偉大な保護活動家、ジェーン・グドールは「理解することによってのみ、気にかけることができます。気にかけることによってのみ、私たちは助けることができるでしょう。私たちが助けることによってのみ、全ては救われるのです」と言いました。自然を守るために私たちにできることはたくさんあります。あなたには地球を守る力があるということを決して忘れないでください。

学ぼう

生態系を守るためには、それがどのように機能しているのか、を理解することが必要です。学んだことをみんなに伝えましょう。

あなたもボランティア活動を

自然保護団体はあなたの参加を待っています。

木を植えよう

木や森は二酸化炭素を吸収し、酸素を出してくれます。

リユース、リサイクルしよう

壊れたものをただ捨ててしまうのではなく、修理したり、何か別の新しいものにしたりしてみましょう。

代替エネルギーを使おう

温室効果ガスの放出を減らすために、利用するエネルギーの種類を変えることや種類を多くすることが必要です。

カーボンフットプリントを減らそう

化石燃料の使用を減らし、節電しましょう！車の使用も、プラスティックも減らしましょう！

ごみを埋め立てない

家庭でのリサイクルももちろんですが、大きな効果をあげるにはもっと大きなスケールで。職場で、学校で、コンポスト[生ごみを堆肥にすること]やリサイクルにみんなが取り組めるようなシステムを作りましょう。

持続可能な農業を

どんどん増える人口に対応するには大規模農業が不可欠。しかし生態学や生物学、経済学の知識があれば、地球全体にとって有益で健全な大規模農業に力を注ぐことができます。

野生生物を守ろう

重要な生態系を守るために野生生物の保護地域が必要です。

商品開発を考えなおそう

新しい衣類や電気製品などができると、古いものを捨てたり、新しいものと取りかえたりすることがよくあります。これは貴重な資源の浪費なので、長い間使えるものや修理が可能な商品を注文し、買うようにしましょう。

貧困と戦おう

貧しい人々は、ほかに選択肢がなくなると、違法な狩猟や樹木の伐採、無計画な農業や牧畜、危険な鉱山採掘などに向かいがちです。自分たちの食べ物にさえ困っているという人々に、地球を守るための責任を背負わせることはできません。貧困の根本的な問題に取り組むことで、私たちみんなが地球を荒らさずに生き残り、繁栄する道を見出せるでしょう。

肉の消費を減らそう

家畜を育てるためには農作物を育てるよりも多くのエネルギーや資源が必要です。肉や魚の消費を減らすことは世界中を助けることにつながります。

持続可能な漁業を

地球全体が海の生態系の恩恵を受けているのです。乱獲をやめて責任をもって漁業をしましょう。

節水しよう

きれいな淡水は限りある資源で、世界には足りないところもあります。節水をすれば、無駄に使ってあふれて海に流れこむ水を減らすことができます。

規制強化を

農場や工場が、川や海、空気を汚さないように規制を強化しなければなりません。

世の中で変わってほしいことについて、外へ出て話しましょう。

用語集

非生物的　ABIOTIC

生態系の中で、空気、土、岩石、天候、水、栄養塩、気体の分子などの物理的、化学的な要素は非生物的である。非生物的なものは現在生きていないし、過去にも生きてはいなかった。

藻類　ALGAE

大部分は植物に分類されるが、花が咲かず、根、茎、葉などに分化していない。水中に生育して光合成をし、単細胞の微小なものから50mにもなるジャイアントケルプまでが含まれる。

頂点の捕食者　APEX PREDATOR

食物網の頂点にいる動物で、それを捕食するものはいない。人間が世界の捕食者の頂点にいると考えている人も多い。

古細菌（アーキア）　ARCHAEA

細胞核を持たない単細胞の生物で、細菌とは少し構造が異なる。人間の腸内や沼地などにもいるが、強い酸性や深海底の熱水噴出孔付近の高温などの極端な環境にも存在する。

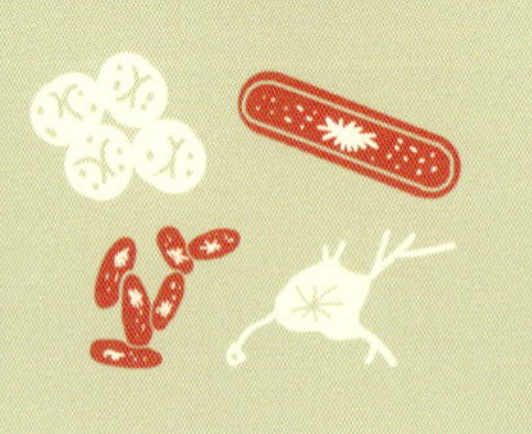

原子　ATOM

原子は物質の構成要素で、原子を構成する陽子、中性子、電子の数は元素ごとに決まっている。同種、あるいは異種の複数の原子が結合して分子になる。この宇宙のあらゆるものは原子でできている。

細菌（バクテリア）　BACTERIA

単細胞の微視的な生物体でどこにでもいる。生物を分解して粉々にする機械のような役割を持ち、生態系の中で栄養を循環させていて、私たちの生存に欠かせない。病気の原因となることもあるが、チーズやワインや薬の製造に役立つものもある。

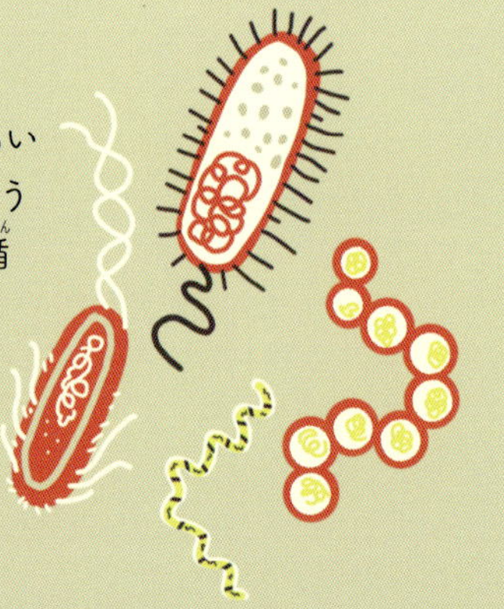

ビッグバン理論　BIG BAN

何十億年も前の宇宙には特異点と呼ばれる無限に小さく濃密な点しかなかったが、それが爆発して原子ができ、物質ができた、という宇宙のはじまりに関する理論。

生物多様性　BIODIVERSITY

ある生態系や地域に多くの異なる動植物種が生息していること。生物多様性は生態系の健全さや回復力の基礎となり、生物多様性がなければその生態系はさまざまな変化に適応しにくい。

生物多様性のホットスポット
BIODIVERSITY HOTSPOT

特異的に生物多様性に富んでいながら、破壊の危機に直面している生態系や地域のこと。壊滅を阻止しようと保全の活動が進められている。

バイオーム　BIOME

地球上で似た気候や動植物の見られる地域で、その平均的な降水量と気温によって定義される。たとえば非常に寒く乾燥した地域はツンドラ、非常に暑く湿った地域は熱帯雨林など。

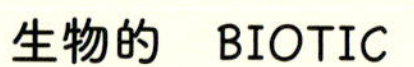

生物的　BIOTIC

生きている、あるいはかつて生きていた有機体からなる生態系の部分。植物、動物、細菌は生きていても死んでいてもすべて生物的である。たとえば腐った丸太も枯れた木から作った椅子も生物的である。

カーボンフットプリント　CARBON FOOTPRINT

ある個人やグループの活動によって排出された温室効果ガスの総量を二酸化炭素の重量に換算したもの。家の暖房や食べた食料品、自動車や飛行機の利用で使った燃料の全てを合計すれば自分自身のカーボンフットプリントを計算することができる。

二酸化炭素吸収源　CARBON SINK

大気中から大量に二酸化炭素を吸収し、貯えている環境。大きな森や海岸の一部は二酸化炭素の吸収源と考えられる。

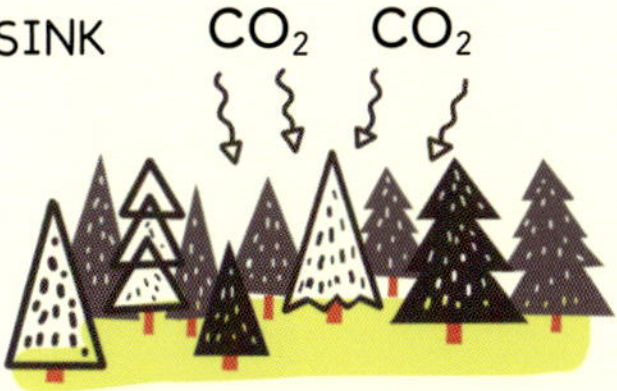

細胞　CELL

生物体の最小単位で、単一細胞の生物体を形成していたり、植物や動物の組織の一部であったりする。

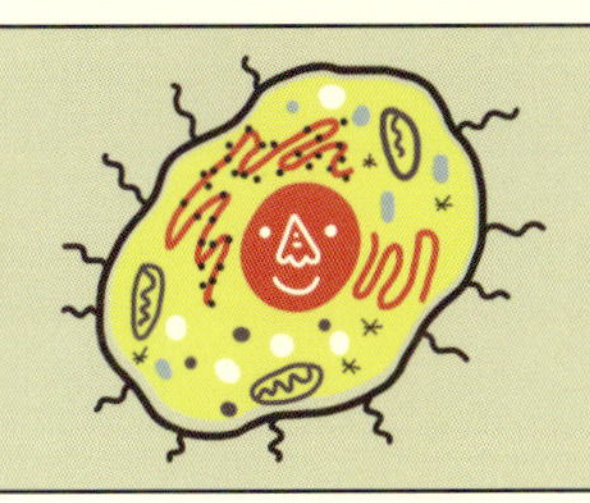

気候　CLIMATE

ある地域で長い間、決まっている天気の移り変わりや気温の状態。天候はある時間の、あるいはある日から翌日にかけての天気の様子をいうが、気候は四季を通しての平均気温や降水量などの天気の様子をいう。

気候変動
CLIMATE CHANGE

特に19世紀に始まって現在まで地球で起こっている急激かつ全地球的な気候の変化を指し、これは化石燃料の燃焼による二酸化炭素と他の温室効果ガスの増加の結果である。

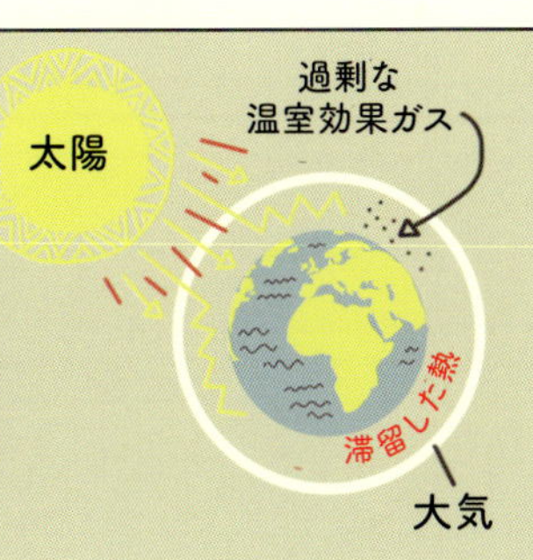

生物群集　COMMUNITY

生態系の中の生物的な部分、およびこれらの動物や植物、菌類、細菌などの相互のかかわり合いのこと。

森林破壊　DEFORESTATION

森林がある土地を別の用途に使うために、多くの木や、時には森全体を伐採してしまうこと。森林は農地や都市開発のために破壊されることが多い。

砂漠化　DESERTIFICATION

かつて肥沃であった土地が砂漠、すなわちほとんど雨が降らず植物の生えないバイオームになること。森林や草原は日照り、無理な農業、森林伐採などによって砂漠になり、通常「土の死」で終わる。

開発　DEVELOPMENT

人間がある地域に町、都市、農用地を建設し、そのための道路やダム、上下水道、送電線などの社会基盤（インフラストラクチャー）を整備すること。

エコトーン（移行帯）
ECOTONE

森林と草原の境界付近など、異なる生態系にはさまれた狭い帯状の地域。その地域に特徴的な動物が住み、また中心部の生態系の保護のためにも重要である。

元素　ELEMENT

水素、炭素、酸素など、原子の種類を区別する名前。

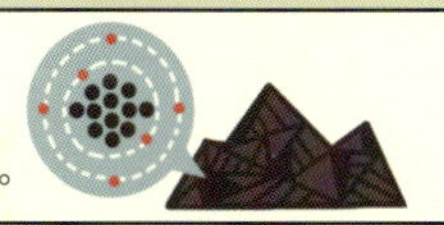

絶滅危惧種
ENDANGERED SPECIES

絶滅の恐れが高い動物や植物。

侵食　EROSION

風や水、その他の自然の力によって長い時間をかけて岩や地層が削られること。たとえば、海岸に打ち寄せる波は、長い間には海岸の岩を侵食する。

進化　EVOLUTION

生まれたときの遺伝子の突然変異によって新しい種がつくり出される過程。突然変異は有利、不利、あるいはどちらでもないという場合があり得るが、種の変化を起こすためには次の世代に受け渡されなければならない。長い時間をかけてこれらの突然変異が積み上げられ、たとえばヒトは直立して歩けるようになった。だから現代人は祖先とはかなり違っている。

絶滅　EXTINCTION

ある種類が死に絶えて全く存在しなくなること。ドードーという鳥は狩猟のために1662年に絶滅した。もっと最近では、西アフリカのクロサイは2011年に絶滅したと宣言された。今日、多くの動物が気候変動、違法狩猟、生息地の消滅などによって絶滅の危機に直面している。

ドードーの墓

肥沃な　FERTILE

草木が育つことができるような土の状態を「肥沃である」という。肥沃な土には植物に必要な栄養がたっぷり含まれている。

食物網　FOOD WEB

ある生態系の中でのエネルギーの流れ、つまり何が何を食べてエネルギーを得るのかを示す網目のようなつながり。

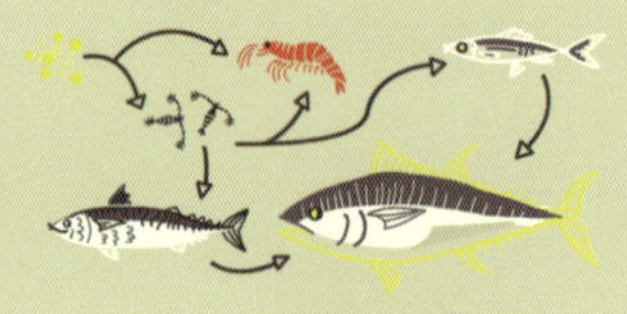

温室効果ガス　GREENHOUSE GASSES

二酸化炭素、水蒸気、メタン、オゾン、ハロカーボンなど、大気中で熱と太陽光を吸収する気体。自然にも発生し、化石燃料の燃焼の際にも発生する。人間活動による温室効果ガスの増加によって地球温暖化が加速され気候変動につながると考えられている。

CO2
CH4
N2O

生息地　HABITAT

自然の中で動植物が居住している環境。

侵略的外来種　INVASIVE SPECIES

その生態系に本来はいなかった植物や動物、細菌や菌類など。これらが新たに導入されると、食物や太陽光、場所などを在来種と争ってその生態系に危害を加えることが多い。

ここはわれらの湖だ！
カワホトトギスガイ

キーストーン種（中枢種）　KEYSTONE SPECIES

生態系全体の安定に関わっているような植物、動物、細菌、あるいは菌類。もしある生態系からキーストーン種が取り除かれるとその生物群集全体が崩壊する可能性がある。

みんなのためにダムを作っているんだよ！
キーストーン種
ビーバー

生きている化石　LIVING FOSSIL

太古の時代とほぼ同じ姿で今も生きている生物の種。その種に近い生物種は、普通は全て絶滅している。

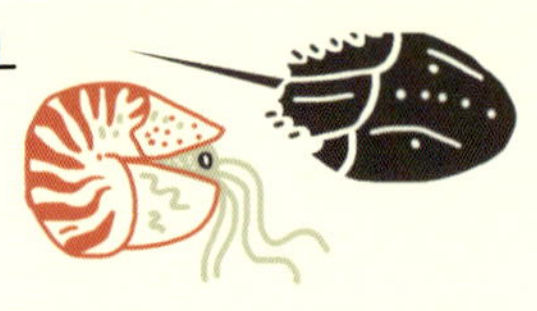

物質　MATTER

地球上のものは全て原子や分子でできた物質で、何も無いところに物質をつくり出したり、壊してなくしたりすることはできず、原子や分子の位置や配置を変えられるだけである。生態系の中ではさまざまなやり方で物質が循環している。

分子　MOLECULE

複数の原子が集まって分子になる。たとえば、炭素の原子1個と酸素の原子2個で二酸化炭素の分子が1個できる。

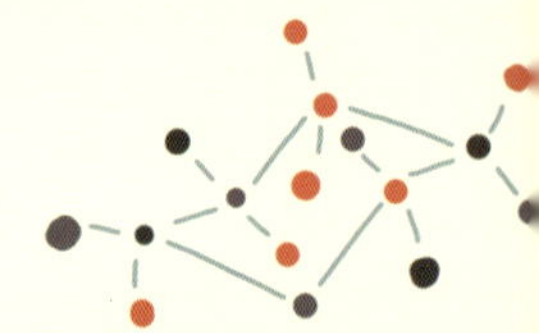

ニッチ（生態的地位）　NICHE

ある生物がどのようにその生態系に適応しているかということ。生態系の中でのその生物の行動、生きるために必要なものや食料などで定義する。

オオミミコウモリ
私のニッチの一部は夜に狩りをすること、ガを食べて集団でほら穴に住んでいることだね

栄養　NUTRIENTS

生命を維持するために必要なビタミン、ミネラル、その他の物質。炭水化物、脂肪、タンパク質、そして水は人間が生きるために必要な多くの栄養の一部。

栄養循環　NUTRIENT CYCLE

有機物や無機物が生態系の中で生き物によって使用され移動すること。栄養は生き物の体が成長し、修復されるために必要である。これらの栄養は呼吸や排せつ、死後の分解などの過程を経て空気中や土の中にもどる。炭素循環やリンの循環は栄養循環の例である。

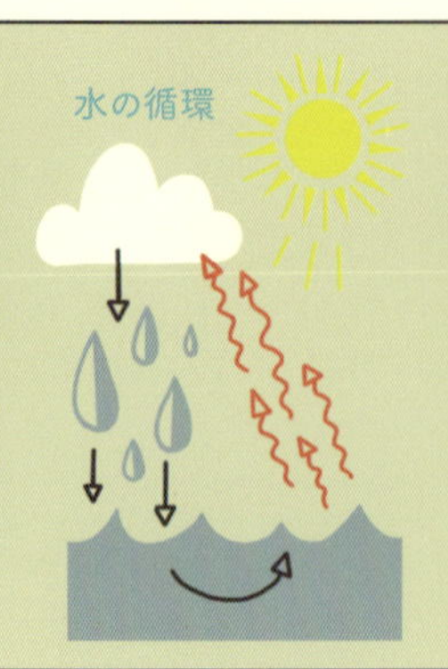
水の循環

生物　ORGANISM

個々に生きているもの。植物、動物、単細胞などの生命体、そして読者のみなさんも生物。

光合成　PHOTOSYNTHESIS
植物が太陽光を使って糖（食べ物）を合成する過程。太陽光のエネルギーによって二酸化炭素と水からグルコースと呼ばれる糖が作られる。この過程で余った不要物が酸素で、植物は空気中へ酸素を放出する。

植物プランクトン　PHYTOPLANKTON
水中の微視的な植物。ほぼ全ての水圏生態系で食物網の出発点である。

汚染　POLLUTION
不適当な場所に、あるいは不適当な量の、危険なものを放置し、環境に対して危害をもたらすこと。

個体群　POPULATION
ある地域に住んでいるある特定の種のグループ。ある地域に何頭の動物が、何本の木が、あるいは何人の人がいるかを知るためにはその個体数を数える。

降水　PRECIPITATION
水蒸気が凝結し、雨や雪となって降ってくる水。ある地域が乾燥しているか湿潤であるかは、その土地にどのくらいの降水量があるかで表現する。

一次消費者
PRIMARY CONSUMERS
植物を食べてエネルギーを得る動物のことで、食物網の中では常に二番目の栄養段階にいる。

生産者　PRODUCERS
植物や藻類などの光合成をするものや海底で有機物を化学合成する微生物など、第一番目の栄養段階にいる生物。

貯蔵庫　RESERVOIR
資源を貯える場所。凍った氷河や湖は水、地下の岩石の堆積はリン、大気は酸素の貯蔵庫。

土の死　SOIL DEATH
栄養分がなくなった土。土地を酷使したり、自然に栄養分が補充されるより速く使ってしまったりすると土は死ぬ。ふつうは牧草を食べつくしたり、一種類の作物だけを栽培したりして、土を使い果たした結果である。

種のつりあい　SPECIES EVENNESS
同じ栄養段階においてどの程度生物が多様であって、それぞれの種の個体数がどのような比率であるかということ。同じ資源を競い合う生物種間の比率や、捕食者とその餌となる生物との間の比率は生態系の健全性を理解する際の手がかりとなる。

遷移　SUCCESSION
生態系の植物の生え方が時間をかけて変化する過程。生物多様性があれば、環境の乱れが起きても遷移によって生態系は回復する。

持続可能な　SUSTAINABLE
破壊したり使い果たしたりしない地球の資源の使い方という意味のことば。持続可能な使い方をすれば自然資源を次の世代のために補充しておくことができる。

栄養段階　TROPHIC LEVELS
ある生態系において、植物（生産者）から始まって頂点の捕食者にいたるまで、どのようにエネルギーが流れるかを階層で示す。何が何を食べて、何に食べられるのかを示している。階層の数は生態系によって違う。

天候　WEATHER
ある時刻の大気の状態。晴れ、曇、雨、乾燥している、など。天候の特徴は気候に影響される。気候は長い時間の平均を示すのに対して、天候は日によって、時刻によって、あるいは分刻みで変化する。

動物プランクトン　ZOOPLANKTON
水中のごく微小な動物。ふつうは植物プランクトンを食べ、水圏生態系の食物網の一次消費者である。

参考資料

この本の執筆のために私は本や科学記事を読み、ドキュメンタリーやビデオを見ました。国立公園を訪れ、赤道イニシアティブの計画推進者と話すために国連にも行きました。使用した資料の一部を紹介します。みなさんが少し時間をとって、この素晴らしい地球に関して読んだり見たり、学んだりしてくださることを願っています。参考図書のリストは私のウェブサイトをご覧ください。

www.rachelignotofskydesign.com/the-wondrous-workings-of-planet-earth/

本書の内容に関係のある組織とそのウェブサイト

Critical Ecosystem Partnership Fund: www.cepf.net/

Encyclopedia Britannica: www.britannica.com

Equator Initiative: www.equatorinitiative.org

Everglades National Park (U.S. National Park Service): www.nps.gov/ever/index.htm

Mangrove Action Project: mangroveactionproject.org

Mojave National Preserve （U.S. National Park Service）: www.nps.gov/moja/index.htm

Moorland Association: www.moorlandassociation.org/

NASA: Climate Change and Global Warming: climate.nasa.gov/evidence/

National Fish and Wildlife Foundation: www.nfwf.org

National Oceanic and Atmospheric Administration: www.noaa.gov

National Wildlife Federation: www.nwf.org

Oceana: oceana.org

Redwood National and State Parks (U.S. National Park Service): www.nps.gov/redw/index.htm

Tallgrass Prairie National Preserve (U.S. National Park Service): www.nps.gov/tapr/index.htm

UN Sustainable Development Goals: sustainabledevelopment.un.org/sdgs/

United States Environmental Protection Agency: www.epa.gov

World Heritage Center UNESCO: whc.unesco.org

World Wide Fund for Nature: wwf.panda.org

WWF World Wildlife Fund: www.worldwildlife.org

本

Callenbach, Ernest. 2008. *Ecology: A Pocket Guide*.

Berkeley and Los Angeles: University of California Press.

Houtman, Anne, Susan Karr, and Jeneen Interland. 2012. *Environmental Science for a Changing World*. New York: W. H. Freeman.

Woodward, Susan L. 2009. *Marine Biomes: Greenwood Guides to Biomes of the World*. London: Greenwood Press.

フィルムやビデオ

Africa. Produced by Mike Gunton and James Honeyborne. Performed by David Attenborough. BBC Natural History Unit, 2013.

Ecology-Rules for Living on Earth: Crash Course Biology. Performed by Hank Green. Crash Course Biology, October 29, 2012.

Frozen Planet. Produced by Alastair Fothergill. Performed by David Attenborough. BBC Natural History Unit, 2011.

Planet Earth II. Produced by Vanessa Berlowitz, Mike Gunton, James Brickell, and Tom Hugh-Jones, Performed by David Attenborough. BBC One, 2017.

感謝のことば

この本のための調査や執筆に際して力を貸してくれたみなさんに心からの感謝を捧げます。みなさんのサポートは私にとってかけがえのないものでした。

まず、並外れた編集者のケイトリン・ケッチャムさん、本書のような教育的な図書の出版にかける彼女の信念と情熱のおかげで私の仕事ができました。彼女の見識とサポート、そして素晴らしい編集に心から感謝しています。

テン・スピード・チームのメンバーとみなさんの驚くべき手腕にも感謝します。常に品よく的を射た宣伝と市場調査のチーム、ダニエル・ウィキーさんとエリン・ウェルケさんに本書を世に出してくれたお礼を言います。クリスティ・ヘインさんには原稿の整理やスペルチェックをありがとう。ジェイン・チンさんの製作の技術やデザイナーのリジー・アレンさんの天才的な活字のデザインのおかげでこんなに美しい本ができました。

いつも私を支え、私の本への幻想を現実のものとするために助けてくれる著作権代理人のモニカ・オドムさんにも感謝しています。

国連で私に会っていただき、いっしょに赤道イニシアティブの仕事や物語を聞いてくださったエヴァ・グリア、マルタン・サマーチュー、ナタバラ・ロロッソンのみなさんに特別な謝意を表します。

校閲の手伝いと夜中の散歩とお喋りにも付き合ってくれた親友のアディテア・ボレティ、ありがとう。そして夫のトーマス・メイソン４世にも大きな愛を。彼が校閲の手伝いや食事の用意をしてくれたうえに、究極のチアリーダーとなってくれたおかげでこの本も私の人生も素晴らしいものになりました。そして最後に、私の家族の愛情と励ましに対して最大の感謝を捧げます。

著者について

レイチェル・イグノトフスキーはニューヨークタイムス・ベストセラーに選ばれた本の書き手であり、イラストレーターでもある。彼女は本書を通してわくわくするような自然の世界、生態学、そして自然保護について読者に知ってもらいたいと願っている。

レイチェルは歴史と科学に興味を持ち、イラストレーションはものごとを学ぶときの強力な道具になると信じている。彼女は自身の作品を通じて、科学リテラシーやフェミニズムに関する自分のメッセージを広めたいと望み、これまでに“*Women in Science*”（『世界を変えた50人の女性科学者たち』野中モモ訳、創元社、2018年）と“*Women in Sports*”（『歴史を変えた50人の女性アスリートたち』野中モモ訳、創元社、2019年）などを出版した。

インスタグラム @rachelignotofsky や公式サイト rachelignotofskydesign.com もどうぞご覧ください。

索　引

〈監訳者略歴〉
山室真澄（やまむろ・ますみ）
東京大学大学院理学系研究科地理学専門課程博士課程修了、博士（理学）。通商産業省工業技術院地質調査所、（独）産業技術総合研究所海洋資源環境研究部門主任研究員を経て、2007年より東京大学大学院新領域創成科学研究科環境学研究系自然環境学専攻教授。共著に『貧酸素水塊―現状と対策』（生物研究社、2013年）、『沖縄の河川と湿地の底生動物』（東海大学出版部、2017年）などがある。

〈訳者略歴〉
東辻千枝子（とうつじ・ちえこ）
お茶の水女子大学大学院修士課程、岡山理科大学大学院博士課程修了、博士（理学）。専門は物性物理学。東京大学海洋研究所、岡山大学大学院自然科学研究科、工学院大学学習支援センター勤務を経て、現在は理系分野の翻訳を行う。訳書に「現代の凝縮系物理学」（共訳、吉岡書店、2000年）、「タイム・イン・パワーズ・オブ・テン」（講談社、2015年）など。

プラネットアース ―イラストで学ぶ生態系のしくみ
2019年12月10日　第1版第1刷発行

著　者　レイチェル・イグノトフスキー
監訳者　山室真澄
訳　者　東辻千枝子
発行者　矢部敬一
発行所　株式会社創元社

https://www.sogensha.co.jp/
本　　社　〒541-0047　大阪市中央区淡路町4-3-6
TEL. 06-6231-9010（代）　FAX. 06-6233-3111
東京支店　〒101-0051　東京都千代田区神田神保町1-2 田辺ビル
TEL. 03-6811-0662

装丁・組版　堀口努（underson）
印　刷　所　大日本印刷株式会社

ISBN978-4-422-40044-0 C0045 NDC462